산과 사람의 사계
북한산

산과 사람의 사계 북한산

이 종 성 지음

한국의 산
그 아름다움에 취하다

작가교실

내일을 만나러 가는 산

평생을 버틸 풍경이 있다. 나의 전 재산이 될 전망과 가치가 있다. 걷고 걷는 걸음의 축적 속에서 내가 나에게 도착하는 산이 있다.

오늘의 다음은 무엇일까? 파리 사회과학고등연구원 '다니엘 밀로' 교수의 말처럼 인간의 가장 위대한 발견은 '내일'이다. 그 내일을 만나러 가는 산이 있다. 북한산이다. 북한산은 오늘에서 내일로 가는 새로운 미래다.

아, 북한산 그리고 도봉이여

아름다워서 왔다
하늘과 땅의 인연으로 누대에 걸쳐
너도 오고 나도 왔다
저 멀리 크게 돌아 서울을 환포하며
유장하게 흐르는 한강이 지어미의 눈빛으로
바라보는 북한산에 왔다
한 걸음 한 걸음 백 번 천 번
오를 때마다 내 디딤돌을 놓는 산길
그 길 끝에서 닿는 백운 인수 만경
성채 우뚝한 드넓은 전망이
미래의 지평으로 쭉쭉 뻗친다
세상 흐려지고 숨이 턱 막히는 날에도
우러르는 저 산이 있어 내일을 기약하고
아침은 희망으로 빛나며 아파도 견디게 한다
남루한 슬픔마저 내 안의 약비로 내린다
나는 누구인가 우리는 무엇을 꿈꾸는가?

누구라도 거역할 수 없는 천명에 따라
우리를 거듭 착하고 어질게 만들어
끝까지 백운의 사람으로 남을 수 있게
내 어머니 내 아버지 같은 힘을 준다
오, 다시 보아도 장엄하고 숭고하여라
골짝마다 가슴을 치는 산사의 범종소리
바다까지 가는 한 방울의 눈물을 주더라
지금 이렇게 내 앞에 그대가 있어
가장 아름다운 이 시간 이 순간에도
미혹을 벗고 참사람이 되게끔
또 묻게 하는 큰 스승이 되어주는 산
오늘도 자운 만장 선인에 노을이 걸리면
내 목숨이 산색 산음을 입어 곱게 물든다
물들어 갸륵한 하루가 지상에 남는다
남아서 하늘의 기억이 되고
이 땅의 역사가 되는 저 돌올한
만경의 북한산, 만장의 도봉이여

■ 추천사

몸으로 쓴 詩山

설 태 수(시인, 세명대학교 영문학과 교수)

산과 몸이 不二의 세계임을 이미 오래전부터 시로 체화시킨 이종성 시인으로부터 발문을 부탁받았을 때 그의 새로운 시를 접할 수 있는 좋은 기회라 생각하였다. 그런데 막상 두툼한 원고를 받고 보니 나의 경솔함을 책하지 않을 수 없었다. 다행히 '너무 심각하게 받아들이지 않아도 된다'고 한 그의 언급을 핑계 삼아 내 눈이 닿는 시야 내에서 이 글을 펼쳐나가고자 한다. 그리고 이 글의 범위는 여기에 실린 그의 시에 국한시키고자 한다. 시를 쓰고 있는 나로서는 그나마 접근해볼 수 있는 영역임과 동시에 시가 주는 자유로운 운신의 폭을 어느 정도 누릴 수 있기 때문이다.

이종성에 대하여 좀 알고 있는 사람들에게는 그가 단순히 등산을 좋아하는 범주를 벗어난 암벽과 자연이라는 사상의 세계를 탐험하고 등반하는 '산사람'으로 각인되어 있을 것이다. 엄청난 암벽에 바짝 몸을, 심장과 뺨을 붙이지 않을 수 없는 그는 그야말로 산과 하나 그 자체인 것이다. 산의 숨소리와 심장소리를 듣지 않고는 산에 들 수 없을 정도가 아닐까 하는 생각이 절로 들게 마련이다. 긴 세월 동안의 그런 체험이 오래 발효되면 어떠한 시가 나올지는 누구라도 궁금한 것이 인지상

정일 터. 따라서 이 글에서는 그와 같은 구절에 대하여 소략하게나마 일별하고자 한다.

책의 서두에 실린 시 「아, 북한산 그리고 도봉이여」에서 그는

> 세상 흐려지고 숨이 턱 막히는 날에도/ 우러르는 저 산이 있어 내일을 기약하고/ …… / 남루한 슬픔마저 내 안의 약비로 내린다/ 나는 누구인가 우리는 무엇을 꿈꾸는가?

하는 물음을 제기하였다. 여기에 이미 그가 산에 오르는 근원적 이유가 무엇인지를 밝혀놓은 것이다. '자아 탐색'과 '인간이 궁극적으로 지향하는 바가 무엇인지'를 모색해보는 일이 그가 설정해둔 철학적 화두일 거라는 짐작이 간다. 단지 심신단련과 등산의 즐거움을 벗어나 산을 통하여 이러한 근본적 물음이 생길 수 있는 것은 그가 얼마나 자주 산에 올랐는지를 다음 시에서 쉽게 알아차리게 된다.

> 단박에 빠져버린 내 영혼/ 흠모의 당신이 아니면 그토록/ 이 목숨의 산을 천 번도 넘게/ 오르지 않았을 거에요 (「인수봉을 바라보며」)

여기서 '당신'은 일차적으로 '인수봉'이 아닐까 짐작해본다. '천 번도 넘게' 산을 올랐다는 진술에서 산에 대한 그의 사랑이 얼마나 절절한가를 압축적으로 보여주고도 남음이 있다. 그러기에 산을 통하여 철학적 사색이 무르익게 되는 것은 필연적이라 해도 지나침이 없을 것이

다. 그런 까닭에 깊이 있는 사색과 명상이 빛나는 句가 그의 시 도처에 뿌려져 있는 것은 당연하다고 할 수 있다. 몇 구절을 우선 인용해보자.

귀 활짝 열고 듣는/ 오색찬란한 저 새의/ 한겨울 독경 (「오색딱따구리」)

이렇게 몸 앉히면/ 마음 이리 고요한 것을/ … (중략) … / 내 지치고 가여운 영혼이 이리도/ 힘을 얻는 것을/ 오, 너 가난한 마음아 마음아 (「잠시」)

문득 잃어버린 미소를 찾고 싶을 때/ 미타교 건너 대웅보전 꽃살문을 돌아/ 삼천리를 한 걸음에 찾아가는/ 그 깊디깊은 골짝의 미소가 있다 (「삼천사지 마애불의 미소」)

불시에 들이닥친 싹쓸바람이었다/ 의연히 맞서 싸운 뿌리 깊은 나무는/ 자신의 절반을 뚝 잘라 내주고야/ 나머지 반을 지킬 수 있었다 (「호원동 회화나무」)

두문불출 새끼 낳고 기르며 사는/ 이 원시의 고요가 좋다/ 벌거벗은 이 고요가 참 좋다 (「사기막골 멧돼지」)

이 몇 편의 시에서 강하게 와 닿는 구절은 '고요' 와 '가난한 마음'이다. 이를 토대로 '자신의 절반을 뚝 잘라 내주고야' 마는 그 흔쾌한 정신이 돋보이지 않을 수 없다. 이 모두가 '無我'의 경지에 이르지 않으면 나오기 어려울 표현이다. 이는 성경의 '마음이 가난한 자'와도 그 맥이 통할 것이다. 그러므로 자연에서 들리는 소리가 '독경'이라는 것에는 전혀 무리가 느껴지지 않는다. 그리하여 이종성의 시에는 다음과 같은 구절이 자연스럽지 않을 수 없다.

조약돌의 발꿈치를 보아라
이 세상 고운 것들은 맨발로 오더라
… (중략) …
눈물이 아픈 것은 맨발이기 때문이더라 (「도토리와 깍지」)

결국 그가 탐색하고자 하는 세계는 '맨발', 즉 태초의 마음. 시작과 끝이 아예 없는 마음. 무극이자 태극인 마음. 맨 마음인 것이다. 조물주로부터 부여받은 것 중 가장 빼어난 선물은 '눈물'이 아닐까 한다. '맨발'을 잘 어루만질 수 있는 바로 그 눈물. 그 눈물과 더없이 어울리는 '맨발'이야말로, 다음 인용구와 같이, 본래의 '자아'에 이를 수 있는 결정적인 '걸음'을 견인할 수 있기 때문이다.

나를 걷지 않고는 저 봉우리에 닿을 수가 없다.
… (중략) …
걸음만이 결국 내가 나에게 도착할 수 있는 유일한 길이었다 (「인수봉」)

따라서 이종성의 자아탐색은 인간 누구나가 궁극적으로 지향하는 바와 다르지 않다. 그런데 이러한 그의 자세는 좀처럼 긴장의 끈을 늦추지 않고 있다는 점에서 더욱 돋보인다고 할 수 있다. 이를 극적으로 표출한 다음 시를 소개함으로써 부족한 글을 마무리하고자 한다.

탐닉을 피해
벼랑에 홀로 사는
저 늙은 현자

절벽에선
소란만 추락할 뿐
낭비가 없다 (「절벽송」 全文)

북한산이 이종성 시인에게

박 기 연(북한산국립공원관리사무소장)

그동안 무탈하셨습니까? 북한산입니다.

이번에 저에 대한 글을 또 쓰셨기에 북한산국립공원관리사무소장을 통하여 저의 마음을 전하고자 합니다. 우선 저를 너무 과찬하신 거 같아 고맙기도 하지만 미안하기도 합니다. 지난번에는 저를 한평생 애련한 마음을 갖고 사는 첫사랑에 비유하셨더군요. 시인의 첫사랑이라! 저도 마음 변하지 않을 테니 시인의 그 마음도 영원하기를 바랍니다.

저는 그냥 가만히 있을 뿐인데 많은 사람들에게 위안이 되고 아름다운 마음을 갖게 해준다니 기쁘기 그지없습니다. 하기야 당나라 시인 이백이 이미 1,300여 년 전에

"問余何事棲碧山(문여하사서벽산)

무슨 까닭에 푸른 산에 사느냐 묻는다면

笑而不答心自閑(소이부답심자한)

말없이 웃지만, 마음은 스스로 한가롭기만 하네"

라고 읊었지요. 그래서 시인의 글이 마음에 더 와닿습니다.

북한산에 오면 으레 백운대, 비봉, 문수봉까지 가겠다는 정복욕이 앞서지만, 그냥 한가롭게 아무렇지 않게 와서 아무렇지 않게 가는 모습을 좋아합니다. 가파른 산길이 싫은 사람은 둘레길을 천천히 걸으면 좋겠지요. "그게 무슨 북한산에 갔다 온 거냐?"라고 물으면 笑而不答心自閑(소이부답심자한)이겠네요.

그렇다고 땀을 뻘뻘 흘리며 목표한 곳을 향하여 자기와의 싸움을 벌이는 게 나쁘다는 것은 아닙니다. 그렇게 해서 나름대로 성취감에 만족한다면 그 또한 보람된 일이지요. 하지만 시인은 그런 와중에도 가끔은 뒤돌아서서 지나온 길을 보게 합니다. 일행들과 마음속 얘기를 두런두런 나누게도 하는군요. 사람이 있으니 산도 있고, 산이 있으니 사람도 있다는 생각을 헤아려보게 합니다.

시인의 첫사랑. 그 마음 영원하소서~~~

CONTENTS

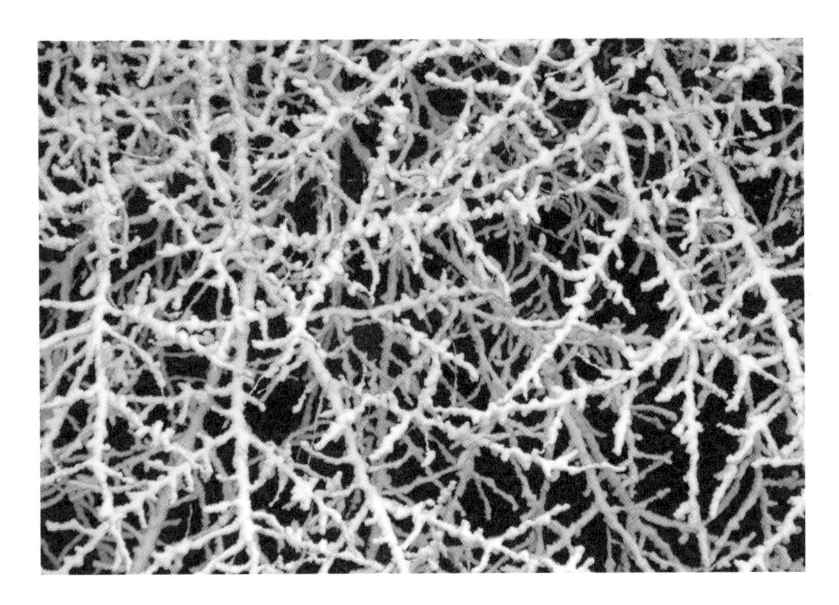

■ 서문

산과 사람의 사계 북한산

내 생각을 여지없이 무질렀다. 상상보다 훨씬 크고 더 아름다웠다. 유장한 강 건너 높이 솟아오른 산은 내가 알 수 없는 미지의 신세계였다. 도대체 저 산은 무얼까? 그 산은 무한한 동경을 불러일으키고, 동시에 새로운 꿈을 꾸게 했다.

열다섯 살, 중학교 2학년 때였다. 부여 시골 촌놈인 내가 처음 서울을 구경하며 맞닥뜨린 북한산에 대한 첫 이미지는 지금도 생생할

만큼 아주 강렬했었다. 그것은 자동심장충격기(AED)였다. 그때까지는 정지 상태나 다름없는 심장을 갖고 있었다. 그러니까 나는 심정지 상태인 청소년에 불과했었다. 북한산은 그런 나의 심장을 다시 뛰게 했다.

그 전에 내 심장이 방망이질 친 적이 없었던 것은 아니었다. 초등학교 4학년이든가 5학년이든가 짝사랑했던 여학생이 내 짝꿍이 되었던 때도 그렇게 뛰었었다. 하지만 오래 가지 못했다. 금세 전학을 가고 말았다. 그 여학생의 이름을 땅바닥에 쓰고 지운 이후로 내 심장은 늘 소심하고 무기력한 상태에 놓여 있었다. 북한산은 그런 내 심장에 활력과 리듬을 새롭게 부여하며 살아갈 운명의 길을 산 쪽으로 열어 놓고, 봄·여름·가을·겨울, 내 인생의 사계를 준비하고 있었다.

그 후로 시간이 많이 흘렀다. 북한산에 대한 흠모와 은애의 시기를 지나 본격적인 열애가 시작된 것은 이십 대 중반 서울로 발령을 받으면서였다. 나의 고독에서 벗으로, 벗에서 도반으로, 도반에서 스승으로 북한산은 그렇게 위상을 바꾸며 나를 변화시켰다. 그것은 지극히 평범한 것이었지만 내 안의 세계는 점점 확장되며 심화되었다. 보이는 것들과 보이지 않는 것들, 들리는 것과 들리지 않는 것들, 움직이는 것들과 움직이지 않는 것들의 경계 안팎에서 조금 더 자유로워지며 무한한 세계가 낮과 밤 속에서 교차하였다. 차츰 눈이 떠지고, 귀가 열리고, 인식과 사고가 바뀌면서 나는 언저리라도 산이 되는 시간이었다.

바뀌지 않고는 아무것도 달라지지 않는다. 이 세상에 바뀌지 않는 것은 없다. '변역(變域)' 그 사실만 불역(不易)인 진리 속에서 나를 바꾸지 않는 시간과 세상은 나 스스로 독방의 감옥을 자처하는 것이다. 인식, 사고, 정신 더 나아가 마음이 자유롭지 못하다면 변화는 없다. 외연은 확장되지 않으며 깊이는 심화되지 않는다. 돌이켜보면, 심적 정신적 변화를 촉발시킨 북한산을 빼놓고는 나는 별로 본 것이 없다. 들은 것이 없다. 그 북한산 속에서 자연과 사람, 문화와 역사, 그림과 노래가 넘치며 내 나름의 생의 의미가 반짝거리고 가치가 빛나며 삶이 풍요로워지는 이유가 되었다. 비유하자면 가장 필요하고 잘 맞는 경전을 발견한 셈이었다. 읽고 읽어도 쏟아져 나오는 새로운 의미와 문장들은 내 시와 글에 나만의 산음(山音)과 산색(山色)을 주면서 산문(山文)의 문체로 지금까지 글을 쓰게 하는 원동력이 되었다.

산은 높이와 깊이는 물론 외연을 요구한다. 높이는 전망에서 오고, 그것은 또한 사유에 대한 자유로운 고도의 성찰로 이어지며 깊이를 확보한다. 산에 피고 지는 꽃들과 무수한 별들이 그 속에서 명멸하며 외연은 확장된다.

나는 왜 북한산에 왔는가? 그 물음에 앞서 '우리는 왜 이 땅에 왔는가?'를 먼저 물어본다. 이 땅에서도 어떻게 그렇게 많은 시간들을 유독 북한산과 함께 할 수 있었는가. 아름답기 때문이다. 인연의 아름다움이다. 서로 인연을 이룬 사람도 아름답고 산도 아름답기 때문이다.

생각해보면, 우리는 모두 아름다워서 왔다. 내 어머니 내 아버지의 아름다운 인연으로 나도 이 땅에 왔다. 내가 또 누군가를 만나 그물코 하나를 엮으면서 인연의 그물망을 탄탄히 넓혀 왔다. 우리는 모두 인연에 따른다. 한 방울의 물방울도 인연이 닿으면 바다에 이른다.

나는 나에게 가장 가깝다. 그렇지만 동시에 가장 가까우면서도 가장 멀다. 너무 가까워 초점거리가 확보되지 않아 내가 보이지 않는다. 그것은 내가 나와 가장 먼 이유다.

내가 나를 보는 첫 번째 방법은 내가 나에게 너무 밀착하지 않는 것이다. 일정한 거리 유지가 필요하다. 최소한의 가시거리, 그것을 나는 미적거리라 한다. 틈새나 공간이 없을 때 바람이 길을 잃고 그것들을 장애물로 여겨 쳐부수고 빠져나가듯 나 또한 나와 '사이'가 필요하다. 그렇지 않으면 숨이 막혀 가슴이 답답하고 질식할 것 같은 상태에 놓이게 된다.

부부, 부모와 자식, 스승과 제자, 친구 등 아무리 가까운 관계에서도 분명 '사이'가 있다. 이 사이라고 하는 새가 곧 틈이며 공간이다. 우리는 이 공간 속에서 숨 쉰다. 공간 없는 존재는 있을 수 없다. 존재가 아무리 작거나 클지라도 모든 존재는 공간 속에 놓인다. 사이와 공간의 미학은 인간관계뿐만이 아니라 자연 속에서도 예외 없이 적용된다. 일정 공간을 확보하고 거리를 유지할 때 우리는 나와 남도 제대로 볼 수 있게 된다.

이 '거리 두기'는 타인과의 격절이나 외면이 아니다. 소통의 가장 중요한 방식이다. 해와 달도, 산과 산도 이 예외 없는 거리 두기에서 본연의 위치를 확보하고 그 역할을 다할 수 있다. 조화와 변화, 창조와 소멸도 이 원리를 바탕으로 하고 있다. 이 원리 안에서 나는 나를 볼 수 있다. 그래야만 인식적 정신적 차원에서도 '나'라는 존재가 근본으로 들어가 현상적 실체로 거듭나게 된다.

두 번째로 내가 나를 보는 방법은 거울이다. 거울은 관조다. 가만히 보는 것이다. 부동의 상태라야 한다. 생각과 시각의 초점이 서로 맞아야 한다. 생각 따로, 시각 따로인 상태에서는 어떠한 상도 맺히지 않는다. 생각이 시각에 얹히거나 시각이 생각의 요철 속으로 딱 들어맞게 관입되어야 한다. 그러한 상태가 관(觀)이다. 나를 하나의 렌즈로 만드는 상태다. 이런 관이 갖추어진 다음에야 비로소 조(照)가 가능해진다. 우리의 눈이 무언가를 바라본다는 것은 어떤 대상의 본질을 바라보기 위한 사전 행위다. 모든 사물의 모습이 가감 없이 드러날 때 그것을 우리는 실상이라 한다. 관이 비추는 이 조라는 빛을 통해 우리가 실상을 보게 된다.

이 모든 것들은 내가 산을 보는 방법이다. 산을 만나고, 산을 듣고, 산을 품으면서 비로소 '나'라는 작은 존재가 산으로 전환되는 방식이다. 그것은 다르게 표현하면 이목구비가 산의 이목구비로 바뀐다는 것을 의미한다. 그래야만 산이 산을 보고, 산이 산을 만나고, 산이 산을 들으며, 산이 산을 품을 수 있지 않을까?

* 이 책은 「시와 인식」, 「월간 산」에 연재했던 원고를 일부 수정하고 보완한 것이며, 비법정탐방로는 국립공원관리공단 북한산관리사무소의 사전 허락을 받아 탐방함.

제 1 부

봄, 산이 산을 본다

–고요가 빚어내는 분홍빛 희망의 계절

눈부신 북한산과 도봉산 설경

고요가 빚어내는 분홍빛 희망의 계절

나의 상처는 늘 비탈에서부터 시작된다. 바위와 얼음을 미끄러져 내리며 와르르 함께 무너져 내리는 상처 없이 쌓아온 평온한 날들, 생채기가 나고야 나는 비로소 고요해지며 더 높이 솟은 산들을 바라본다.

산은 언제나 고요를 바탕으로 한다. 그렇기에 산은 그 기저에 아무런 갈등의 구조도 갖고 있지 않다. 산이 늘 맑고 고요한 까닭이다. 고요하지 않다면 산은 어떠한 것도 우리에게 보여주지 않으며 어느 것도 발견할 수 없다. 지구가 탄생한 이래 산은 수억만 년 전부터 아주 오랫동안 제 형상을 갖기 위해 화산활동이나 융기, 침강 같은 내적인 현상과 풍화작용이나 침식작용 등의 외적인 현상들을 거쳐 오늘과 같은 모습을 갖추게 되었다.

산이 고요한 것은 그러한 내·외적인 자기화를 거친 시간이 무한히 길고, 그 과정을 통해서 시간과 공간 속으로 자신 외에는 그 무엇도 침범하지 않으면서 영역을 확장시키며 끊임없는 탐색으로 스스로를 성찰해 왔기 때문이다. 따라서 산은 그 기저에 내린 뿌리가 우리의 상상보다도 훨씬 더 깊은 곳까지 뚫고 내려가 있다. 그 깊이를 가진 고요의 중심에서만 만물은 비로소 고유한 형상으로 그 모습을 드러내게 된다. 만약에 산이 그 원형을 고요로 하지 않는다면 산은 더 이상 변화와 창조로 거듭나지 않는다.

산은 항상 그 자리에 있고, 사계를 구분하며 반복하지만 한 번도 똑같은 모습을 보여주지 않는다. 결코 이 세상에 변하지 않는 것은 없다. 모든 것은 매 순간 스스로의 변화와 진화를 통해 기존의 것과는 다른 새롭게 창조된 의미를 내포한 기표로 우리의 삶에 상정되어 그 실체를 보여줄 때 영원에 이를 수 있다. 그렇지 않으면 모두 소멸되고 만다. 산은 바로 그 스스로의 변화와 창조를 통하여 우리가 찾아내지 못하는 그 영원한 모습들을 시시각각 보여 준다.

우리가 보는 것들이란 봄, 여름, 가을, 겨울과 같은 계절의 순환적 변화라는 범주 안에서의 단순한 목격이 아니라 산이 만들어내는 것들을 고요를 통해서 발견하는 대상을 뜻한다. 지상의 봄은 온 우주를 하나의 귀로 듣는 고요로부터 온다. 여름은 열정을 바탕으로 하는 뜨겁고도 치열한 사랑을 목숨의 수액으로 빨아올려 왕성한 생명의 줄기를 뻗어가게 하고 우레를 내리며 그 속에서도 한 그루 벽조목이 되어 불과 물을 동시에 지난다는 것이 무엇인지를 알게 한다.

그런 뜨거운 열정과 사랑이 여름이라면, 푸른 강물로 몸을 끌고 들어가 남은 열정을 식히고, 붉은 단풍이 담과 소에 머물러 그 흥건한 붉은빛을 물에 풀며 만행을 준비하듯 자신을 들여다보는 가을은 사유를 통해서 충실한 열매를 맺고 고운 물이 든다.

그렇다면 사계의 마지막 계절, 겨울은 무엇일까? '변하게 되면 고정되는 것이 없다'고 하였다. 겨울 산이 그런 진리를 보는 좌망에 이르는 침묵이다. 인간이 얻고 깨달은 일체의 얕은 지혜를 버리고 아무것도 담지 않는 빛나는 흰 눈의 작은 결정으로 자연과 합일을 이룬 자연인의 자유로운 정신세계를 여는 일이다.

여기서의 자연인은 루소의 "자연으로 돌아가라"는 '본래의 인간'으로 돌아간 인간을 뜻한다. 『존재와 시간』에서 하이데거가 말한 '자신을 그 자체에서 내보여주는' 현상(現象)으로서의 존재다.

그는 '알랭 코르뱅'처럼 침묵으로 말한다. 동시에 그의 침묵은 말이자 시간이며 공간이다. 그것은 르네 데카르트의 성찰이다. 그는 그의 말처럼 정치의 한 기술인 '본질을 왜곡해서 논란거리로 비화시키지' 않는다.

자연인은 어느 것에도 구속되거나 속박 받지 않는 자유롭고도 순수한 영혼을 말한다. 왜곡되거나 변질되지 않은 인간 본성 그대로를 유지하고 있는 경우다. 문명과 물질에 의탁하지 않고, 순수 자연 속에 살아서 그에게는 사심도 없고 들끓는 세상의 거친 욕망 또한 거세되었다. 그렇기 위해서 우리는 강과 산, 숲이 있는 자연 속에 사는 것이 필요한 시대가 되었다.

어느 경우고 이 모든 것은 고요로부터 시작된 걸음을 그 출발점으로 한다. 걸을 수 없다면 인간은 자유로울 수 없다. 산을 걷든 세상을 왕복하든 인간에게 있어서 걸음의 궁극은 어느 것에도 매이지 않고, 묶인 끈을 풀며 깊이 박힌 쇠말뚝을 뽑아버리는 정신의 자유로운 경지에 들어가는 일이다. 산의 모습이 볼 때마다 다르게 보이는 것은 바로 그러한 인간의 마음속에서 추구하고 동경하는 세계가 시시각각 다르기 때문이다. 내게는 참으로 어려운 숙제다.

산은 보기만 하는 단순한 풍경이 아니다. 모든 풍경은 사람으로 완성된다. 풍경 속에 사람이 없다면 그것은 액자 속에 끼워진 호흡이 없는 단순한 그림에 불과하다. 몸소 걸어 들어간 사람의 마음과 숨결이 느껴지고, 고통과 환희가 결 고운 무늬를 이루어 빛을 발하는 인간의 모습이 살아있을 때 풍경은 비로소 우리의 내면을 이루게 된다.

우리가 산이라고 하는 것도 우리 스스로의 내면으로 들어가지 않으면 어느 것도 우리의 가슴으로 들어오지 않는다. 늑골 아래로 흘러가는 물소리가 그렇고, 가슴을 환하게 물들여오는 초록과 분홍, 하양 등으로 피어오는 파스텔 톤 봄 산이 그렇다. 그렇게 물과 꽃들은 산의 지표면에서만 흐르고 피어나는 것이 아니라 우리의 내면 깊은 곳을 흐르고 뿌리를 내려 안에서부터 피어나는 것이다.

산의 순간순간이 다르게 창조되는 것을 읽어내는 것은 누구도 쉽게 이르지 못하는 깊이를 가지고 있기 때문이다. 만일, 산이 넓기만 하고 깊이가 없다면 산은 우리에게 항구적으로 보여줄 아무것도 확보하지 못하게 될 것이다. 역으로 인간의 경우도 예외가 아니다.

왜, 산을 오르고 오르는가? 21세기를 넘어선 오늘날 사람의 발길이 닿지 않은 전인미답의 산은 더 이상 지구상에 존재하기 어렵게 되었다. 1953년 에드먼드 힐라리경과 텐징 노르게이가 처음으로 에베레스트를 올랐다. 우리나라 등반의 모암이라 할 수 있는 인수봉은 기록에 의하면 1929년 영국인 아처에 의해 초등 되었다. 등반사적 관점에서 지구상에 있는 산들의 등정은 더 이상 새로운 시선과 의미를 끌 수 없게 되었다. 그런데도 왜, 인간은 끊임없이 산을 오르는가? 여전히 산에 주목하는가?

전문 등반을 목적으로 하는 등반가에게 있어서나 그렇지 않은 여타 일반적인 등산의 입장에서도 산의 높이는 중요한 몫을 차지하고 신중하게 다뤄져야 한다. 해발고도를 높인다는 것은 체력의 한계를 절감하며 중력과 싸우면서 동시에 무게를 이겨내야 하는 일이기 때문이다. 산은 옆으로 뻗기보다는 높이로 솟아 그 존재를 드러낸다. 하지만 외면적으로는 산과 사람 사이에서 진행되는 그 높이와의 싸움은 이미 오래전에 끝이 났다. 누가 승리한 것인가? 결론부터 말한다면 사람이 졌다.

산은 오르는 그 자기 자신만이 싸움의 대상이 될지언정 승패를 가르는 관계가 아니다. 싸움은 오로지 자신에게만 국한된 문제이다. 산은 단지 그 공간과 시간을 설정해주고 자신을 내어주는 것이지 인간에게 경쟁이나 투쟁의 대상으로는 다가오지 않는다. 산 자체가 인간 자신이 되지 못하는 어떠한 경우의 등반이나 정상 정복이라는 등산 행위는 아무런 의미와 가치를 지니지 못한다. 그것은 이미 자신의 사고와 정신의 영역을 벗어난 경계의 밖에서 단층으로 변한 지질학적 심리구조가 파괴되면서 나타나는 단순한 인간의 정신적 해찰에 지나지 않는다. 오히려 그렇게 해서 파생된 부정적 인식은 자칫 인간의 정신을 굴절시키고 왜곡된 시선을 낳게 한다. 산은 의도하지 않아도 왜곡되거나 변질된 심리적 정신적인 요소들을 정상적인 형태와 시각으로 되돌려 준다.

자연을 우리가 정복할 수 있는가. 이미 인간은 자연의 일부에 지나지 않는다는 명백한 사실과 늘 자연 속에서 살고 있다는 현실을 깨달았다. 자연을 역행하는 어떠한 인간의 행위도 진리가 될 수 없으며 자연에서 구하지 않는 어느 것도 자연으로 돌아갈 수가 없다. 산은 바로 대자연을 이루는 핵심이다. 그 산을 대하는 인간의 태도가 애초부터 문제가 있었던 것이다.

산은 본래부터 정복할 수 있는 대상이 아니었다. 그것은 끝을 모르는 인간의 오만과 자연에 대한 편견이 낳은 부작용이었으며 그로 인하여 오랫동안 인간과 자연 모두에게 깊은 상처를 남겼다. 다행스럽게도 인간은 그러한 과정을 통하여 한편으로는 산과 인간의 내면으로 한 발자국 진보할 수 있었다.

오늘날 산을 보고 대하는 사람의 시각이 달라진 것도 그러한 면에서 원인을 찾을 수가 있다. 비로소 인간이 산을 통해 깊이 있는 사유를 하게 됨으로써 위대한 사상의 실체를 발견할 수 있게 되었다. 산을 통하지 않고 지나갈 수 있는 사상의 세계가 과연 있기나 한 것인가? 산은 바로 그 세계의 전진기지요 출발점이다. 따라서 산으로 가 본 자는 안다. 산 그 자체는 넓이와 깊이를 가늠할 수 없는 고요를 바탕으로 한 가장 큰 사유의 주체라는 사실을.

사유하지 않으면 산은 인간을 한 발자국도 받아주지 않는다. 산이 고요한 것은 바로 인간에게 그 사색을 위한 공간을 마련하고 시간을 주기 위함이다. 만일에 산이 고요하지 않다면 산에 있는 모든 것은 피상적인 외면으로만 존재한다. 꽃과 나무들을 비롯하여 바위와 산봉우리, 골짜기와 산록 이 모든 것들이 단순한 형상에 그치고 만다. 보이는 것들은 대부분 보이지 않는 곳에서 나와 보이지 않는 세계를 상징적으로 보여준다. 그 보이지 않는 세계가 기본적으로는 바로 고요 속에 깃든 우리의 사유다. 그런 면에서 우리는 산에 대한 생각의 일정 부분을 수정해야 할 필요가 있다. 그것은 산과 우리 자신을 별개로 떼어놓고 생각할 것이 아니라 늘 자신과 연결되어 있는, 상호 유기적인 관계를 형성하고 있는 등가적 대상체로서 동일시하는 시각의 관점을 유지해야 한다는 것이다. 그럴 때만이 산은 자신의 세계로 치환되어 행하는 모든 것이 자신의 것이 될 수 있다.

산으로 들어가는 것은 바로 자신의 세계로 들어가는 것이다. 분명 산은 보이는 세계이지만 보이지 않는 다차원적인 세계다. 인간의 내적 세계를 이루고 있는 것은 마음이라거나 정신, 영혼과 사상들이기 때문에 외형적으로는 드러나지 않는다. 그것은 또한 어떤 누구와도 경쟁하는 시합의 대상이 아니다. 자기의 내면으로 들어가는 일이기에 그 자체가 성립될 수 없다. 필요한 것은 오로지 고요의 중심을 향하여 걷는 걸음뿐이다.

산에서는 모든 것이 고요함 속에서 나온다. 어느 한순간이라도 소란에 빠진다면 인간은 자연인으로서의 본성을 잃고 문명적 물성을 지닌 인성을 드러내게 되어 시끄러움에 휩싸이게 된다. 그 순간 자기의 마음자리를 벗어나 다른 사람을 인식하게 되고 끊임없는 경쟁의 욕망에 휘둘리고 만다. 마치 무슨 시합에 나온 운동선수나 전쟁에 내몰린 투사의 모습으로 바뀌게 되며 불필요한 언어의 표출로 더욱 요란한 소음에 빠지게 된다. 그러한 일체의 소음을 흡수하는 것은 오로지 고요밖에 없다. 고요는 사람이 가지고 있는 모든 기관을 대부분 다 갖고 있다. 눈도 있고 귀도 있고 코도 있다. 다만, 한 가지 입이 없다. 말하는 그 순간 고요는 점점 그 깊이를 잃어간다는 것을 그 스스로 알기 때문이다.

인간의 언어가 고요의 표면으로 떠오를 때는 두 가지의 경우다. 하나는 대상과 어떤 정보를 주고받기 위하여 의사 전달의 매체로 사용이 될 때이고, 또 다른 하나는 고요 안에서 충분히 숙성된 생각이나 사색을 통해서 빚어진 어떤 의미가 이미지로 바뀐 영상적인 언어의 형태로 나타날 때다.

언어는 그 자체가 수단이지 목적이 될 수가 없다. 언어는 듣기보다는 눈으로 그려질 때 그 의미가 명백해진다. 자꾸 말이 많고 시끄러워지는 것은 소리에 의존하여 의미를 듣고 해석하려는 데서 기인하는 것이다. 언어가 전달하지 못하는 것을 우리가 듣고 보기 위하여 비로소 우리는 침묵하게 되는 것을 배우게 된다.

그 침묵은 늘 고요를 핵심으로 하고 있다. 고요는 어떠한 경우에도 말없이 존재하는 것으로 대화를 그치는 것이 아니라 끊임없이 사색하고 변화시켜 또 다른 대화를 이끌어내고 새로운 인식에 눈뜨게 하는 계기를 만들고 세계를 창조하는 신비로운 우주의 힘이다. 그렇기 때문에 고요를 지나온 것들은 보다 더 그 의미가 확고하고 색깔이 분명하다. 그것이 소리로 전달이 될 때는 아름다운 가락과 리듬을 지니게 되고 빛깔로 나타날 때는 어느 색에도 물들지 않는다.

얼음 밑으로 흐르는 물소리와 숲속 바위 밑을 솟구쳐 턱을 넘는 발원지의 샘물소리와 새소리가 그럴 뿐만 아니라 봄부터 피는 꽃들도 그렇다. 눈이 깊은 겨울, 심설 속에서 피는 노란 복수초가 그렇고, 뒤이어 맨 먼저 말의 안테나를 뽑아 올리며 꽃대를 세우는 보랏빛 처녀치마도 마찬가지다.

또한 흰색이나 자주색, 혹은 분홍으로 피는 노루귀는 어떤가. 나는 그보다 더 생생하게 지상의 침묵을 듣는 고요를 본 적이 없다. 생강나무나 진달래도 다를 바가 없다. 초본이든 목본식물이든 풀 한 포기, 나무 한 그루가 피워 올리는 꽃들은 크고 작음을 떠나서 어느 것이라고 더 비중이 크고 작은 것이 없다. 그것들은 서로가 비교될 수 없는 고유한 개체들이다. 색깔과 향기는 물론 모양에서도 어느 것도 같은 것이 없다.

모두가 세상에 하나밖에 없는 소중한 가치와 자기 정체성을 가진 나와 하등 다를 것이 없고 모자람이 없는 존재의 의미를 지니고 있다. 다시 보면 모두가 다르지만, 결코 나와 무관하거나 다른 것이 없다.

만물은 고요 속에서 둘이 아닌 하나로 그 뿌리를 같이 하고 있다. 그것들은 모두가 고요에 그 뿌리를 두고 있기 때문에 어느 것으로부터도 여타의 시끄러움에 빠지지 않는다. 아무리 복잡한 경계에서도 산은 세상을 끌어다 견주며 셈하지 않는다. 산은 언제나 자리를 지키며 멀어지지도 않고 먼저 다가오지도 않는다. 한 걸음이라도 가까이 가면 거리는 이내 좁혀진다. 그러나 아무리 가까이 갔다 할지라도 모두 받아주지는 않는다. 형상에 머물고 만다면 결코 산으로 들어간 것이 아니다.

대부분 말이 많은 경우는 형상의 외면에 머물기 때문이며 그렇기 때문에 늘 근처가 시끄럽고 복잡하다. 참으로 아는 자는 말이 없고, 말을 하는 자는 끝내 알지 못하게 된다. 말을 아끼고 묵상에 잠긴 이는 세상이 아무리 소란스러워도 아는 지혜를 버림으로써 시시비비로 시끄러워지지 않으며 고요한 내면의 중심에 들어서 참된 자신을 사는 지혜로운 사람이다.

그는 거대한 바위와 같다. 아무리 큰바람이 불어도 자신을 믿고 그대로 행함에 마음의 변형이나 균열이 없기에 어디에도 흔적을 남기지 않는다. 그 흔적 없는 행위의 결과는 평상심에서 오는 것이며, 평상심은 바로 고요에서 나오는 것이다.

고요는 느끼고 감지되는 것으로 어느 순간 눈에 나타나는 것이지만 실체가 없다. 고요는 산란하는 생각의 빛을 모으는 힘과 무엇이건 태울 수 있는 발화의 불꽃을 갖고 있고, 아주 극미한 것이라 할지라도 내부를 들여다볼 수 있는 현미경의 눈이 되기도 한다. 뿐만 아니라 고요는 아주 복잡한 것을 단순화시키고 명료하게 만들어 어둠 속에서도 그 실체를 명징하게 드러내 주는 힘을 지니고 있다.

고요는 가끔 그 모습을 보여주기도 한다. 이를테면, 채소밭에 뿌린 씨앗이 아무도 없는 시간을 틈타 발아하며 물고 나오는 한 점 흰

빛들이 일제히 솟을 때가 그렇고, 인수봉이나 장군봉 같은 거대한 바위들이 일체의 소음을 차단하고 별빛을 받으며 명상에 들어가 있는 모습과 삼라만상을 정지시키고 지평선이나 수평선 위로 솟는 붉은 해는 고요를 더욱 극명하게 보여준다.

보라, 산에 있는 그 어느 것도 이목구비를 안으로 거두어들이지 않은 것들이 있는지를. 꽃과 나무와 바위들이 그처럼 선명하게 드러나는 이유가 무엇이겠는가. 고요가 없다면 어느 것도 드러나지 않는다. 어느 것도 길러지지 않는다. 산이 인간을 길러주는 것도 어디까지나 고요 속에서의 일이다.

고요는 사유를 낳고, 사유는 고요를 더욱더 깊어지게 만든다. 깊이 들어갈수록 산이 넓어지는 까닭이다. 산의 가장 깊은 고요를 지나온 물은 자유자재하다. 물은 이미 진리의 길을 알고 스스로 흐른다. 흐르는 물은 반드시 근원이 있고, 그 근원은 바로 깊이를 잴 수 없는 고요를 원천으로 한다. 물은 흐르면서도 탐색하기 때문에 스스로 길을 찾는다. 물론 사유의 지층 깊이 숨어버릴 때도 있지만 그것은 바다에 이르기 위하여 그만의 도를 얻기 위한 수행의 한 방법이다.

물이 높게 흐르기 시작하면 뿌리에게 상처를 주거나 뽑아버리게 된다. 깊이 흐를수록 뿌리를 깊게 내리게 하며 고요를 더욱더 깊어지게 한다. 즉 물이란 것도 고요 안에서만 흘러야 한다. 물이 고요의 밖으로 나오면 시끄러워지고 복잡한 문제를 일으킨다. 설령 밖으로 나왔다가도 이내 제자리로 돌아가는 것도 같은 이유 때문이다. 일단 물이 고요 밖으로 나와 한계 수위를 넘으면 나무든 바위든 어느 것에도 통제되지 않고 송두리째 뿌리를 뽑아버린다. 산이 그런 지경에 이른다면 산은 일체의 걸음을 거부한다. 인간이 만든 어설픈 풍경을 여지없이 파괴해버리고 그 스스로 자신을 허물어 인간이 남긴 모든 자취와 길들을 차단해버린다.

오늘날 기후 환경이 급변하여 이상기후로 인한 환경적 재앙이 종종 일어나는 것을 볼 수가 있다. 그러한 현상은 무엇 때문에 일어나는 것일까. 어떤 현상의 원인을 인간의 내적 환경에서 찾지 않고 밖에서 찾는다면 그것은 임시방편의 미봉책에 불과하고 근본적인 대책이 될 수가 없다.

모든 지구 환경의 이상기후 현상은 인간이 고요를 잃은 데서부터 출발하였다. 인간이 고요를 뛰쳐나와 인위적으로 자연을 왜곡하고 변형하기 시작하면서 자연은 그 본디의 모습을 잃고 기형의 자연이 되어 버렸다. 인간은 무언가 끊임없이 만들어 낸다. 문명의 이기가 주는 혜택보다 우리는 자연이 주는 더 큰 혜택을 잃어버렸는데도 우리는 여전히 실리를 따지며 산을 파헤친다. 가만히 두어도 해결되는 자연의 문제를 조급증에 걸린 인간은 업적과 공적에 눈이 멀어 개발과 편리라는 불도저와 굴삭기를 앞세워 무분별한 자연의 파괴를 일삼아 왔다.

과거 근대사에서 숨 가쁘게 치달아온 산업화로 인한 병폐를 충분히 알고 그 후유증을 앓고 있으면서도 우리는 여전히 상식적으로나 순리적으로도 이치에 맞지 않는 엄청난 일들을 벌이고 있다. 이 땅의 상징이자 뼈대인 백두대간, 그 줄기에 놓인 산들이 통째로 없어지는

가 하면, 사라지는 갯벌과 습지와 녹지들, 바뀌는 바다의 조류 등 참으로 일일이 열거하기 어려운 이러한 현상들은 인간이 바로 고요를 잃고 이성을 버린 까닭이다.

어느 나라 어느 사회나 문화를 앞세우지 않고 문명을 앞세우는 개인과 민족과 국가는 결국에 가서는 퇴보하고 문화에 종속당하고 만다. 문명의 이기에 길들여진 인간은 결코 진보와 혁신의 앞에 서서 길을 찾을 수가 없다. 진정한 인간의 진보와 혁신은 문예가 부흥하고 문화가 꽃피는 인문학 가운데서만 가능하며 그것이 훨씬 더 큰 부가가치를 생산한다. 문화와 예술은 문명을 앞세워 만들어내는 물질이 삶의 우선 가치로 취급되고 여겨지는 사회에서는 결코 어떤 기대치 이상으로 발전하고 개화될 수가 없다.

인간의 삶에서 최고의 가치는 문화와 예술이 으뜸이고 우선시 되는 환경에서만 그 빛을 발휘할 수 있다. 문화는 누구에게나 침투되고 자연스럽게 습윤 되어 그 혜택을 골고루 받을 수 있는 반면 문명은 반드시 언젠가는 편을 가르고 오늘날과 같은 양극화 현상을 초래하기도 한다.

문명의 시대는 늘 시끄럽고 복잡하지만 문화의 시대는 고요하면서도 생기가 넘치며 창조적인 힘으로 인간의 정신에 활력을 불어넣는다. 고요는 바로 그러한 정신과 문화의 맥을 형성하는 가장 중요하고도 핵심적인 기본 요소이며 산은 언제나 그 고요를 우리에게 제공한다.

지금 우리의 산은 어떠한가? 해결해야 할 많은 문제를 안고 있다.

문제는 너무 시끄럽고 무분별하다는 것이다. 존 뮤어가 말했듯이, 우리가 산비탈을 여행한다는 것은 인간의 심리 속으로 깊이 파고드는 것이며, 산을 오르는 행위는 인간 마음의 본질을 등반하는 것이다.

산은 누구에게나 열려 있다. 그것이 취미든 운동이든 전문 등반이든 누구도 상관할 바가 아니다. 하지만 최소한의 등산 윤리와 기본 소양마저 무시되는 상황에서는 우리는 산에서 잠시라도 고요할 수가 없다. 지금과 같이 산을 인간 정신의 올바른 장으로 활용하지 못하는 입장에서는 학교 정규교육에 산 관련 과목을 편성해서 교육해야 할 형편이다.

산은 이미 앞에서 말했듯 내가 알고 있는 가장 큰 고요의 주체다. 우리가 고요를 잃는 것은 마음의 평화를 잃는 것이요, 나아갈 길을 바르게 탐색하지 못하게 되는 것이다. 산의 환경은 곧 우리의 마음과 다름없는 사람의 환경이다. 세상의 온통 시끄러운 저잣거리를 끌고 온 산에서는 한 걸음도 걸을 수가 없다. 우리는 산에 머물되 산의 고요에 머물러야 하며 그 고요 속으로 들어가 있어야 한다. 그렇지 않다면 우리는 늘 시끄럽고 아무리 겸손해도 고개를 드는 오만이 우리의 마음속에서 송곳을 내밀게 된다.

게리 헤밍은 그런 우리의 마음을 간파하고 오래전에 경고하였다. "네가 오른 길에 아무것도 남기지 마라." 산은 본래의 자연 상태 그대로를 간직할 때 길을 가는 그 주체의 의미가 된다. 어떤 흔적도 없는 순수한 공간이야말로 자신의 내면으로 가는 길을 열어준다.

산은 오를수록 깊이를 요구한다. 깊이를 잃는 그 순간이 우리가 고요를 벗어나 길을 잃는 순간이 된다. 그 깊이는 바닥이 없다. 이 세계의 극점을 지나 저 멀리 우주와 닿아 있다. 삶의 본질과 우주의 비밀을 알아내고 신과 소통하는 유일한 방법은 그 깊이에 빠져 보는 것밖에는 다른 방도를 나는 알지 못한다. 신발 한 켤레 벗어놓은 그런 고요를 만날 수 있다면….

나는 오늘도 산으로 간다. 온갖 형상으로 고요를 피워낸 꽃과 산봉우리들 내 마음과 영혼이 거기에 머물지 않으면 나는 어디에도 있을 곳이 없다. 산은 우리 인간뿐만 아니라 신들이 선택한 거처이지 않던가.

한 번 더 물어보고 싶다. 우리는 아직도 산을 우리의 거처로 삼고자 하는 것인가? 인간과 자연에 대한 깊은 성찰로 자기 본성의 깊이를 잰 '소로우'의 월든 호수는 다름 아닌 산이라고 하는 고요에서 열린 사유의 눈이었다.

우리는 고요 속에서 비로소 자신의 마음을 봄으로써 인생의 사계절 중 하나인 봄을 맞이하고, 그 고요 속에서 인식의 눈이 떠 동트는 새벽에 이를 수 있다. 존 뮤어의 말은 여전히 유효하다. "태양은 우리의 위쪽이 아닌 안을 비추고, 강물은 우리 곁을 스쳐 가지 않고, 우리를 뚫고 흐르고" 있으며 무너진 비탈에서 얻은 상처를 어루만지며 한층 더 깊어진 고요로 다시 산을 바라보게 하기에.

고요가 빚어내는 계절, 노루귀

01_ 우이령길에서 산을 듣다

내부에서 외부를 보고, 외부에서 내부를 본다. 본다는 것은 파악한다는 뜻이다. 하지만 그것만으로는 부족하다. 보는 행위가 듣는 것으로 전환될 때 앞서 본 것들은 더욱 선명해진다. 내가 외부의 객체로서 산을 바라보고 들을 때 산은 내부의 주체로써 나를 탐색하고 파악한다. 서로의 관계 속에서 '나'라는 존재의 대상에 산재해 있는 불특정 다수의 의미들이 아기가 태어나면 그 모습이 분명해지듯이 의미들이 명료해진다.

교현리로 가는 마음의 풍경 길

송추로 가는 버스는 아직도 낭만이 묻어 있다. 송추는 일영, 장흥과 더불어 과거에 엠티를 다니던 대표적인 추억의 장소다. 밤골과 사기막골을 지나 솔고개를 넘자 복잡했던 서울의 모습은 오간 데가 없다.

교현리 우이령길 입구다. 고즈넉한 공간에 발을 딛는 느낌이 여느 곳과는 사뭇 다르다. 문명과 자연, 도시와 농촌, 말과 침묵 그 사이쯤이기 때문이다. 사이는 경계다. 이것과 저것, 여기와 저기 그 경계에서는 곧잘 질문이 인다. 그것은 자기의 현재 위치에 대한 확인이다. 경계가 모호할수록 복잡해지고 급기야 갈등을 빚는다. 따라서 경계에서는 종종 경험을 바탕으로 축적된 지혜를 필요로 하며 방향 수정을 요구한다.

경계는 대부분 이분법적 대립 구도 속에 위치해 있다. 자신의 의지와는 상관없이 어느 날인가부터 우리는 한쪽에 치우쳐 살고 있다. '나다움'을 유지해주는 개인의 기질을 잃어버리고 있다. 그 잃어버린 나다움을 새로 찾아내는 시점이 바로 경계다.

미소의 만다라 석굴암의 나한들

포장도로에 익숙한 현대인에게 흙의 기억은 어슴푸레하다. 우이령길의 첫 번째 매력은 숲 사이로 난 부드러운 흙길에 있다. 흙을 밟는다는 것은 곧 원시성의 회복을 의미한다. 인간의 본성이 자유로웠던 자연의 상태로 한 걸음 가까이 다가가는 것이다. 그것은 루소가 말한 '자연인'으로의 귀환을 뜻한다.

우이령은 1968년 이후 41년 동안이나 굳게 닫혀 있었다. 2009년 7월 10일 개방된 이후 하루 탐방객 수를 일정하게 제한해 왔다. 그 결과 숲과 계곡은 청정하며 어느 곳보다도 호젓하다.

눈이 깊었던 투명한 겨울 숲은 군데군데 잔설이 남았다. 계곡의 얇아진 얼음장 아래로 흘러가는 물소리가 한층 가까워졌다. 바야흐로 봄이 오고 있는 것이다. 지날 것은 다 지나가고, 올 것은 반드시 오고야 마는 자연의 섭리를 거스르지 않고 있다.

조급하면 눈도 귀도 마음도 체증에 걸린다. 천천히 걷는다. 얼마 가지 않아서 계곡의 한가운데 섬 모양의 커다란 바위 위에 중동이 부러진 소나무 한 그루가 눈길을 붙든다. 태풍과 폭우가 지나갔던 것일까, 아니면 설해를 입었던 것일까? 삶에는 반드시 불어 닥치는 바람이 있다. 생에는 누구도 내려놓을 수 없는 짊어진 무게가 있다. 부러지고 꺾이며 나무는 더 깊어지고 단단해진다.

석굴암으로 가는 길에 어디선가 많이 들어본 익숙한 청음이 '똑 도르르르' 하고 울린다. 북한산국립공원의 깃대종인 오색딱따구리가 숲으로 왕진을 나온 것이다. 아픈 나무들의 근심을 이미 한눈에 꿰뚫어보았다. 고통의 근원을 캐내는 부리를 벼린 새의 탁목(啄木) 소리가 목탁소리를 닮았다. 소리는 이내 산을 울리고 내 안의 호수에 둥근 파문으로 내려앉는다.

석굴암으로 향한다. 석굴암은 고려시대 나옹화상이 공민왕 때에 왕사로 3년간 수행한 곳으로 알려져 있다. 오봉산 관음봉 중턱에 자리한 석굴암 앞에는 수려한 상장능선이 시원하게 펼쳐져 있고, 뒤로는 훤칠한 오봉이 도열해 있다. 하늘로 오르는 활활한 불꽃의 기운을 직접 몸으로 느낄 수 있는 천혜의 빼어난 경관을 자랑하는 천년고찰이다. 숲 사이로 오르는 비탈길에서 숨이 찰 때쯤 중턱의 일주문에 이른다. 너무 화려하지 않아서 좋다. 그렇다고 수졸하지도 않다. 깊으면서도 고아한 기품을 뿜어내는 빛이 맑아서 더욱 좋다. 이 세상 모든 만물들이 갖고 있는 그 고유한 존재의 의미에 하나하나 색의(色衣)를 입혀서 색의(色意)를 곱게 드러내어 우리를 장엄한 세계로 인도한다.

산문의 안쪽으로 하늘을 올려다본다. 마주치는 관음봉은 영락없이 가사를 입은 아라한의 모습이다. 천연의 석굴 속에 모셔진 나한전에 든다. 지금까지 사람이 지었던 일체의 미소들이 다 모여 있다. 필시 사람이 지을 수 없는 온갖 미소들도 환하게 꽃피었다. 미소들은 한결같이 빛보다 밝다. 한꺼번에 찌르는 빛으로 눈 속의 어둠들이 황망히 쫓겨 가느라 한바탕 소요가 인다. 이윽고 찾아온 평온 속에 하늘의 성단처럼 돋는 저 환한 미소의 만다라.

산을 듣는 봄 산의 우이령길

귀 하나만 남는 우이령에서 산의 침묵은 명징하다. 쌓인 눈처럼 맑고 투명하다. 반사하여 되돌려 보내는 설원의 달빛처럼 황홀하다. 그것은 다만 자기 안에 고요가 있어야 한다는 것을 전제로 한다. 자기의 말을 버릴 때 '자기고요'는 스민다. 스며서 고인다. 샘물로 고이는 그 고요가 마음의 문턱을 넘어서 밖으로 흘러나갈 때 비로소 이 세계는 열리며, 침묵이 숨긴 내밀한 말들이 들리기 시작한다.

우리가 말을 하는 것은 소통하기 위해서다. 하지만 말은 하면 할수록 그 의미가 모호해질 때가 많다. 분명함과 불분명함의 경계가 사라지며 갈등과 혼란이 온다. 인간은 말로써 말 이전의 '참말'을 잃어버리는 것이다. 그러나 자연은 말하지 않고도 소통한다. 나무가 나무와 말하고, 바위가 바위와 말을 주고받는다. 또한, 봉우리는 봉우리와 화답하며 산은 산과 통한다. 밖으로 표출되는 말들은 그 한계가 있음을 미리 간파하여 일찌감치 던져버렸다. 자연은 늘 서로를 보고 듣는다. 자기 안에 만들어지는 심상인 이미지 그 순일한 몸말로써 말을 전한다. 몸짓에 몸짓을 더하여 그의 몸짓이 된다. 고요에 고요를 더하여 마침내 침묵하는 산의 언어가 된다.

우이령길은 자기의 말 때문에 가려지고 숨어버린 자신의 목소리를 먼저 듣는 곳이다. 나는 왜 여기에 와 있고, 어디로 가고 있는가? 오봉과 상장능선 그 사이에서 침묵의 좌우를 살피는 길이다. 말을 아끼고 아껴야 한다. 자신의 말을 아껴서 마지막에 가장 뜨거운 불꽃을 피워 올리는 나무들의 침묵이어야 한다. 커다란 황소의 담뱃잎 같은 큰 귀를 세워서 들을 때 침묵은 들린다. 찌르르 발목을 타고 올라 고요한 메아리처럼 몸 구석구석으로 퍼진다. 모든 말들이 제거된 겨울 숲처럼 마침내 우리는 텅 빈 고요로 앉은 '나'라고 하는 산을 발견하게 된다.

오봉 전망대에 선다. 한 마을의 다섯 아들이 원님의 예쁜 딸에게 장가들기 위해 상장능선의 바위를 던져서 만들어졌다는 옛이야기가 전해진다. 하지만 저 오봉에는 천변만화의 무궁함이 있다. 끊임없이 자리를 바꾸고 이동하면서 때가 되면 어김없이 정렬에 들어가는 어느 행성들과 같이 변역과 불역의 이치를 드러내고 있다. 한순간도 머물지 않고 정주하지 않는 무주(無住)의 정신만이 모든 절벽과 벼랑 앞에서 뒤로 물러서지 않는다. 그리하여 마침내 하늘로 날아오를 수 있는 날개를 얻을 수 있음을 여실히 보여주고 있다. 눈 속에 발목을 묻고 있는 나무들이 그 자리서 천년의 시간 밖으로 걸어 나가고 있는 것처럼.

오색딱따구리

나무들의 뼈를 치며
적설의 흰 숲 울리는
청아한 탁목啄木 소리에
은빛 눈가루 우수수 쏟아진다
꽝꽝 언 오봉산 골짜기
두꺼운 얼음이 짜-앙 하고 깨진다
깎아지른 벼랑에 앉아
천년동안 말을 버린 오봉의 바위들이
일제히 눈 뜬다
아무리 들어도 큰 소식 하신
석굴암 노스님의 목탁소리만 같아
귀 활짝 열고 듣는
오색찬란한 저 새의
한겨울 독경

나한의 미소

02_ 원도봉의 빛 망월望月의 진경을 보다

눈은 수직적 탐조이자 수평적 전망을 두루 포섭하는 입체적 활동이어야 한다. 다양한 층위를 아우르고 폭넓은 시야 속에 협곡과 지평이 함께 관찰되어야 한다. 이러한 전방위적 시각, 예각적 시각을 동시에 지닐 때 우리의 눈은 모든 미지의 세계에 창문을 달게 된다. 그 창문을 통해 달과 같은 빛을 만난다. 그 빛은 존재를 비추며 미지의 세계에 나를 선보인다.

덕의 샘물이 흐르는 산길

이름부터 예사롭지 않다. 단순히 달을 보든, 옛 신라의 월성을 그리워하던 망월사역의 '망월'이 주는 느낌은 일상적 경계 너머의 것이다. 그 새로운 차원의 세계가 어떻게 펼쳐질지 역에 닿는 순간 자못 가슴이 설렌다.

망월사계곡으로도 부르는 원도봉계곡으로 향한다. 원도봉은 도봉의 으뜸이다. 도봉의 본산이자 원류다. 지금은 서울외곽순환고속도로를 비롯한 각종 도로의 관통으로 들머리가 옛적 그 아름다운 풍취를 잃어버렸다. 하지만 그런 아쉬움은 대원사를 지나 본 계곡에 들어서고부터는 말끔히 해소된다. 여전히 옥음을 쏟아내는 청류의 계곡은 수려하다. 나무들은 무채색 침묵을 깨고 이파리를 내밀며 새봄의 연둣빛 말을 나직이 세상에 던지고 있다.

쌍용사를 지나 계곡의 맑은 담에 잠시 걸음을 멈춘다. 매끄러운 암반을 흘러내리며 모여드는 옥빛 물이 가득 하늘을 담았다. 하늘의 마음으로 세상으로 나가는 물이 제 걸음을 가만가만 조율해보고 있는 것이다.

이윽고 산악인 엄홍길 대장의 집터에 이른다. 그는 세계 최초로 8,000미터급 봉우리 16좌를 완등한 세계적인 알피니스트다. 이미 그는 또 하나의 우뚝한 도봉이자 17좌로 빛나는 히말라야 거봉이다. 누구든 훌륭한 사람일수록 자신이 오른 높이에 갇히지 않는다.

잠시 후 장수의 기상을 닮은 커다란 소나무와 두꺼비바위가 함께 조망되는 곳에 닿는다. 동행한 화가는 즉석에서 붉은 기운이 넘치는 소나무를 '장군송'이라 칭한다. 바위는 오버행이고 군더더기 하나 없다. 두 대상이 일정한 미적거리를 유지한 채 서로의 다른 영역 속에서 다락능선 너머 한 곳을 바라보고 있다. 저 맑고 시원한 침묵이 좋다. 역시 소나무의 미덕은 푸름이고 바위는 간결함에 있다.

불이암(不二庵)을 지난다. 더도 덜도 아닌 지금 이 순간의 구체적 근본 현상은 무얼까. 소나무와 암자와 계곡물과 나와 이 산은 서로 다른 존재다. 그러면서도 끊임없이 변하면서 알게 모르게 불가분의 관계를 형성하며 이어지고 있다. 그것들은 서로 동떨어진 관계가 아니다. 그렇다면, 불일(不一)이나 서로 다른 것이 아닌 그 불이의 실체는 무엇인가? 마음인가, 우주인가? 음식에 따라 우리의 몸이 결정되듯 우리가 먹는 마음에 따라 내가 달라지고 세상이 달라진다. 좋은 마음을 먹으면 선한 세상이 열리고, 나쁜 마음을 먹으면 암울한 세상 속에서 나는 더 힘들고 고통스러워진다. 꽃은 한 번도 나쁜 맘을 먹지 않아서 향기롭고, 나무 또한 그 품격을 높이며 세운 일신이어서 늘 이로운 일에만 쓰인다.

망월사가 가까워지면서 훤칠한 소나무 숲 사이로 길이 열린다. 어느 세계로 가는 길이기에 이리도 따사롭고 고요한 것인가. 또, 어느 마음이기에 바위에서도 연꽃이 피고 바위틈에서 샘물이 솟는 것일까? 덕제샘에서 목을 축인다. 덕은 넘칠 때 흐르고 흘러서 적신다.

금빛 침묵 빛나는 망월望月의 시간

망월사는 신라 선덕여왕 때 삼국통일과 왕실의 융성을 기원하기 위하여 해호선사(海浩禪師)가 창건한 사찰이다. 가람에 들기 전 오름길에 있는 아름드리나무부터가 범상치 않다. 보호수로 지정된 수령 200년을 목전에 둔 전나무는 하늘을 장쾌히 찌르고 느티나무는 품이 넓고 깊다.

가람에 들기 위해서는 먼저 월조당(月照堂) 계총선사(桂叢禪師)의 사리 부도가 있는 곳에서 계단을 올라 해탈문을 지나야 한다. 가람 배치도를 보니 해탈문 말고도 각 전각을 연결하는 다섯 개의 문이 더 있다. 문은 무엇일까. 그것은 마음이 아닐까. 마음을 통과하지 않고 이를 수 있는 곳은 없다. 그 문들은 타자가 만든 것이 아니다. 내가 만든 것이다. 내가 만들어놓고도 빗장을 걸거나 자물쇠로 채워놓고는 지나가지 못하여 내가 나를 만날 수 없는 상황이다. 생각보다 나는 나로부터 먼 곳에 있다. 나를 만나러 가는 문을 지나기 위해서라도 조금 더 머리를 숙이고 몸을 낮춘다.

해탈문을 들어서면서 제일 먼저 마주치는 것은 커다란 바위에서 나오는 샘물, 감로수다. 이 높은 지대에서 솟는 샘물이라니 그 풍부한 수량에 더더욱 놀랍다. 먼저 들를 곳은 무위당(無爲堂)이다.

벽면에 그려진 벽화가 눈길을 끈다. 오수에 잠긴 듯 옆으로 누운 와불에서 바라보는 이의 근심도 함께 뉘어진다. 또 바로 옆에는 고양시 덕양구 용두동에 위치한 금륜사에 봉안된 전 세계에 유일하다는 '천불만다라'를 보고 있는 듯한 벽화다. 무위당을 둘러싼 벽화들이 모두 천진난만하고 단순하여 매우 인상적이다. 그뿐만이 아니다. "十方同聚會 箇箇學無爲 心空及第歸 不墮悄然機 有問何境界 笑指白雲飛(십방동취회 개개학무위 심공급제귀 부타초연기 유문하경계 소지백운비)" 주련의 글귀도 오래 음미할 만하다. 특히 '이 경계가 무어냐는 물음에 웃으며 날아가는 흰 구름 가리키네'라는 말이 떠나지 않는다.

무위당 뒤편으로는 1층의 낙가보전과 2층의 적광전이 배치되어 있다. 다시 통천문 쪽으로 내려온다. 모두 문화재자료인 '망월사 천봉선사 탑비'와 '망월사 천봉당 태흘탑'이 영산전 아래 문수굴과 함께 배치되어 있다. 통천문을 오른다.

망월사의 백미는 '천중선원'이다. 한국 선불교의 전통을 이어가고 있는 망월사는 만공, 한암, 성월, 전강, 금오, 춘성 등 한 시대의 유명한 선사들의 법향이 서린 참선도량이다. 1925년 민족대표 33인 중 한 분이자 근대의 선지식인 용성 스님이 일제 강점기에 선 수행의 전통을 바로 세우기 위해 '만일참선결사회(萬日參禪結社會)'를 추진했던 곳도 바로 망월사다. 선원의 마당에 오르자 활활한 불꽃의 기운이 감도는 도봉의 연봉들이 병풍처럼 둘러쳐졌다. 삼성칠현이 속출(續出)한다는 이곳에 무슨 지중한 인연이 있어 오게 된 것일까.

영산전에 오른다. 앞으로 탁 트인 전망 하나로도 모든 근심이 사라진다. 수락산과 불암산의 가경이 수반처럼 고요하고 맑다.

마지막으로, 망월사에 왔다면 꼭 들를 곳이 하나 더 있다. 왼쪽으로 난 소나무 숲길을 내려간다. 참으로 맑고 깊고 고요한 곳이다. 능선 너머 선인봉을 벗한 고려 최초의 국사 '망월사혜거국사부도(望月寺慧炬國師浮屠)'다. 전체적인 구조는 팔각원당형이다. 부도의 앞에 놓인 배례석에는 '혜거탑(慧炬塔)'이라고 새겨져 있다. 아쉬움이 있다면 석등은 간데없고 덮개만 남았다. 하기야 지혜의 횃불이 탑처럼 솟았던 선사에게 무슨 빛이 필요하랴. 어쩌면 스스로 계곡 아래로 차 내버렸을지도 모를 일이다.

이제 단 하나의 풍경만 보고 가면 된다. 망월사의 달을 보고 가지 않고는 망월사를 제대로 본 것이 아니다. 오늘이 막 보름을 넘긴 날이고 날은 더없이 청명하다.

다락능선 너머로 기다리던 달이 오른다. 보름달보다도 더 밝고 크고 명징한 원융무애의 달, 저 달이 바로 선원이다. 통천문, 여여문, 금강문 등 그 어떤 문도 없고, 문고리조차 없는 천중선원(天中禪院)이다. 아랑곳없이 이따금 몰려오는 청운(靑雲), 자운(紫雲), 백운(白雲) 등의 운수납자들 별들도 저 앞에서는 저리 빛을 흐린다. 남은 것은 오로지 빛나는 금빛 침묵뿐이다. '천언만당불여일묵(千言萬當不如一默)' 천 번 말해서 만 번 옳더라도 한마디도 안 한 것만 못하다는 너울로 밀려오는 어느 스님의 목소리만 천지간에 쟁쟁하다.

망월望月

눈비 내려놓고
초록 봄비에 씻긴 하늘이다
선인 만장 자운봉
이마부터 곱게 먼저
보랏빛 놀 번지는 도봉이다
다락능선 너머 묶인 끈
다 풀어 던지고 모든
말들을 여읜 순금의 빛으로
저 홀로 떠오르는 달이다
금강문 여여문 통천문도 없는
명징한 만월 천중선원이다
각처에서 몰려든
붉고 희고 푸른 구름들
문고리 당기고 있다

망월사 혜거탑

03_ 진달래능선에서 만경萬景의 봄빛에 물들다

꽃은 일안(一眼) 만경이요, 나무는 만경(萬景) 일안이다. 봄빛은 꽃으로 피고 번지는 생명의 기운은 나무로 올라 만물이 경이로 빛난다. 빛은 색의 만다라를 펼치고, 색은 다시 빛으로 되돌아온다.

꽃과 눈 맞아 달아나는 봄

간밤 안개비가 촉촉하게 마른 땅을 적셨다. 꽃씨를 심으라는 뜻이었던가. 북한산성탐방지원센터 입구에 도착한다. 이른 아침부터 국립공원 직원들이 꽃 같은 미소로 탐방객들을 맞고 있다. 산불예방캠페인을 겸하여 꽃씨가 든 씨앗 봉투를 나누어주고 있다. 꽃씨 하나를 심어보지 않고 생명의 외경과 숭고함을 제대로 알 수 있을까. 나무 한 그루 심어보지 않고 사람이 정녕 세상의 맑은 숲이 될 수 있을까. 누군가의 희망이 되고, 누군가의 그늘이 된다는 것은 그렇게 먼저 꽃씨를 심고, 손수 나무를 심는 행위에서부터 비롯되는 일이다.

북한산성계곡을 따라 몇 걸음 오르다 숲 사이로 난 다붓한 오솔길로 접어든다. 이미 진달래꽃은 새댁의 볼처럼 환하게 붉었다. 생강

나무는 노랑 병아리 솜털 같은 꽃을 피웠다. 가장 먼저 물이 올라 봄을 알리는 귀룽나무는 흰 밥알 같은 꽃을 물고 새로 피는 꽃들의 배경이 되어 산빛이 더욱 곱다.

대서문 가까이에 이른다. 고목이 다된 아까시나무들이 길가에 몇 그루 늘어서 있다. 해마다 심부가 텅 빈 고목의 공동(空洞)에 자리를 잡고 피는 꽃들이 있다. 올해도 두해살이풀인 산괴불주머니가 그 휑한 어둠 깊은 곳에 뿌리를 내리고 꽃을 피웠다. 나무에 고인 어둠을 빨아올려 순금의 빛으로 바꾸는 연금술이라니. 나무 또한 제 상처에 여린 생명을 보듬어 적멸보궁의 꽃자리로 바꾸었으니 이 얼마나 아름다운 상생의 노래인가.

중성문을 지나 계곡을 따라 오른다. 아래에서 보았던 풀꽃들은 해발고도가 높아지면서 점점 그 수가 줄어들고 있다. 계곡의 커다란 바위 위에 특이한 꽃이 눈에 들어온다. 바위를 그러쥐고 있는 뿌리의 악력이 손끝까지 전해지는 느낌이다. 짧은 꽃자루 하나에서 분기하여 두 송이씩 흰빛이 감도는 연보랏빛 꽃이다. 고울 뿐만이 아니라 맑은 결기가 여타의 꽃과는 사뭇 다르다. 나무의 줄기나 수피는 얼핏 보면 바위말발도리를 연상케 하지만 꽃 피는 시기와 모양을 생각하면 전혀 아니다. 그렇게 올괴불나무를 기억에서 끄집어내기까지는 꽤 시간이 걸렸다. 갓 핀 꽃에 앉은 호박벌이 연신 셔터를 눌러대도 아랑곳없이 탁발에 여념이 없다.

어심御心이 꽃피는 대동문

북한산의 봄은 제일 먼저 잔설을 뚫고 처녀치마가 꽃대를 세우면서 시작된다. 하양, 분홍, 청색 노루귀가 색색의 꽃을 피우고 나면 그 아래 꿩의바람꽃은 군무의 축제를 펼친다. 중흥사 아래 느티나무 둥치 둘레에서 무더기로 피는 개별꽃은 그 진한 향기로 산으로 묻혀온 속진의 냄새들을 말끔히 지워버린다. 산에는 산 아래서 올라오며 피는 꽃들과 산 위에서부터 내려오며 피는 꽃들이 있다. 그 두 꽃들이 만나는 시점에서 진달래능선의 진달래는 점화를 시작하여 열흘 밤낮 없이 불꽃놀이를 이어간다.

대동문에 도착한다. 점심을 먹으며 주말의 오후를 만끽하는 시민들의 모습은 21세기의 새로운 풍속화다. 한 주일 동안 쌓인 피로와 스트레스를 풀지 않고 대도시의 생활을 어찌 감당하겠는가. 분명 북한산은 서울 시민은 물론 우리 모두의 축복이요 위안이자 치유의 공간이다. 그렇지 않고서야 산벚꽃처럼 흐드러지는 웃음소리가 저리 맑고 환할 리 없다.

현판을 올려다본다. 한자로 대동문(大東門)이라는 글씨 옆에 '숙종어필집자'라 쓰여 있다. 숙종과 북한산성은 떼려야 뗄 수 없는 사이다. 북한산성의 축성이 완료된 시기는 1711년(숙종 37년)이다. 직접 쓴 글씨는 아니지만, 숙종이 생전에 친필로 써놓은 문서에서 글자를 모아 만든 것이다. 나라와 백성을 생각하던 어심을 읽기에 부족함이 없다. 옛날에 쌓은 성곽의 아랫부분은 돌의 크기가 다 다르고 그

랭이 공법을 사용하여 안정감이 있고 자연친화적이다. 현대에 들어 복원한 윗부분은 석재의 크기가 거의 천편일률적이고 직선적이어서 바라보는 눈맛이 팍팍하다.

소나무의 눈으로 보는 만화경의 세계

진달래능선으로 향한다. 본격적인 능선에 들어서기 전에 통과해야 하는 하나의 석문이 있다. 양쪽으로 뿔 같은 바위가 세워진 사이로 길이 나 있다. 작은 만물상처럼 바닥에 솟은 거친 바위들로 무척 조심스럽다. 그러다 보니 올라오는 사람도 내려가는 사람도 왼쪽의 인수봉에서 영봉으로 이어진 유려한 능선과 멀리 도봉산까지 탁 트인 전망을 놓치기 일쑤다. 진달래능선이 품은 백미 중의 하나다.

계속 능선을 타고 가다 보면 절로 발걸음이 멈춰지는 곳이 있다. 현기증이 나도록 벼랑을 깎아지른 절벽 아래로 소귀천계곡의 협로가 보이고, 일지 일심으로 가지를 뻗은 소나무가 있는 곳이다. 진달래능선 두 번째 백미를 자랑하는 만경대와 인수봉이다. 북한산은 종산(宗山)의 반열에 오른 산이다. 여러 이유 가운데 세 뿔에 해당하는 인수봉, 백운대, 만경대의 몫이 크다. 비교를 불허하는 세 봉우리는 돌올한 기상과 만경의 독특한 아우라를 갖고 있다. 그것은 하나의 독립된 정신의 세계요, 고유한 의미의 영역이다. 우리가 저 산을 보고 있지만, 저 산이 우리를 꿰뚫어 보는 이유이다.

여기서는 절벽을 향하여 가지를 뻗은 소나무가 바라보는 소나무의 눈으로 만경대를 봐야 한다. 그것은 만화경(萬華鏡)을 들여다보는 눈이기도 하다. 둔각의 시각으로는 전체적인 형상을 일별할 뿐 천변만화(千變萬化)의 세계를 제대로 알기 어렵다. 작은 것은 미세한 것이고 미세한 것은 깊은 것이다. 익숙한 습관으로 본다면 만경대는 곧추선 절벽이 만들어내는 하나의 풍경에 지나지 않는다.

만화경은 수없이 많은 형상이 나타나는 거울이다. 작은 구멍으로 안을 들여다보면서 원통을 돌리면 갖가지 상과 다채로운 무늬가 나타난다. 중요한 것은 같은 모양이 다시는 나타나지 않는다는 것이다. 우리의 마음이 그렇다. 어느 한순간도 같은 맘이 없다. 모래를 들여다보면 그저 그럴 것 같은 알갱이들도 같은 모양이 없다. 그것은 우리 삶의 이력이 다 다르기 때문에 똑같은 존재가 없는 것과 같다. 절박하고 찬란하고 유현한 저 세계는 우리의 마음이 바라보는 거리와 위치와 각도에 따라 천변만화한다. 만 가지 형상의 마음이 만들어내는 빛의 만다라다. 우리가 본래 저토록 아름다울 줄이야. 이리 무궁할 줄이야.

지금 이렇게 우리가 산을 보며 깨닫는 미미한 우리의 존재에 대한 자각은 얼마나 큰 것인가. 우리는 커서 위대하기보다는 작아서 깊고 소박한 존재가 발견해내는 세계가 더 경이롭고 위대하다는 것을 인정해야 한다. 그것은 우주적 관점으로 우리의 시각이 열리는 것을 의미한다. 그 얼마나 신비롭고 가슴 떨리는 아름다움인가. 그것이 우리가 산을 보는 진정한 맛이다. 설탕을 버리면 소금의 단맛이 남는다. 우리가 의존하고 맹신한 맛을 버리면 오미의 맛이 생기고 오감이 새로워진다. 그때 우리의 몸과 마음이 열리고 정신은 새로워지며 만경의 세계가 빚어내는 색깔로 우리의 영혼은 파스텔 톤 봄 산의 색을 입는다.

에돌던 구름이 다시 인수봉 정수리를 감싸고 산을 지우기 시작한다. 우이동으로 가는 길은 이미 진달래꽃에 묻혀 출구가 없다.

아까시나무와 산괴불주머니

독도 오래 묵으면 약 된다
독으로 치유한 상처 꽃자리 된다
무너지는 세상의 비탈을 붙들었던
고목이 된 아까시나무 텅 빈 속에
노란 산괴불주머니가 둥지를 틀었다
늙어 뒤늦게 자식을 본 것 같은 나무는
자주 하늘에 귀 기울인다
저만치서 바람이 오는 소리
눈비 들이닥치는 소리 커질 때마다
나무는 바짝 등을 더 구부린다
그럴 때마다 꽃은 나무가 부모만 같아
자기도 모르게 더 밝은 꽃등 켠다
아무도 모르지만 그 마음
이 산이 안다, 저 하늘이 안다

올괴불나무

04_ 백화사계곡 겨울을 깬 해빙의 물소리가 미소로 벙글다

지속되는 것들이 움직이지 않는 것들을 움직인다. 벽은 우리가 포기라는 단념에 이를 때 앞을 가로막는 장애물이다. 물방울 하나도, 꽃씨 하나도 그것이 깨트린 벽이 있다. 벽 앞에서 우리는 부스러지기 쉬운 숯이 되거나 4월의 탄생석 다이아몬드인 금강석이 된다. 둘 다 모두 같은 탄소 동위원소다. 벽 앞에서 나는 왜 그렇게 허약한가?

금빛 햇살 머금은 삼존불의 흰 미소

깨지 못하면 갇힌다. 달걀 속의 병아리는 제 부리로 껍데기를 깨야 새 생명을 얻는다. 그렇지 못하면 곤달걀이 될 뿐이다. 은산철벽 같던 얼음폭포도 제 몸을 깨부순 후에야 숨통이 트인다. 겨우내 지하 독방에 갇힌 꽃씨 또한 그 문을 부수고야 천국의 빛을 본다. 균열, 그것은 모든 존재의 몸부림이다. 개벽의 발버둥이다. 눈에 보이지도 않는 작은 실금, 그 균열로부터 봄은 시작된다.

백화사로 가기 위해 의상봉길로 들어선다. 입구에 여기소(汝其沼) 터를 알리는 작은 표석이 있다. '조선 숙종 때 북한산성 축성에 동원된 관리를 만나러 지방에서 올라온 한 기생이 뜻을 이루지 못하고 몸을 던졌다'는 슬픈 사랑의 흔적이다. 사랑은 여전히 시대를 초월한 묘약이자 치명적인 독이다. 길은 번잡하지 않아서 좋다. 이전보다 현대적 감각의 새로운 건물들이 눈에 띄게 늘었다. 그 틈에 남은 구옥들이 옛 향수를 자극한다. 무엇보다 이 길의 즐거움은 북한산의 수려한 전망을 처음부터 보고 가는 데 있다. 가까이로는 원효봉과 의상봉, 멀리로는 백운대와 만경대를 둘러쳤고, 그 가운데로 노적봉이 우뚝하다.

백화사 경내로 들어선다. 삼성각과 무량수전 불사의 완공으로 가람이 제 모습을 찾았다. 언제 보아도 삼성각 앞의 마애삼존불과 소나무는 우리의 일상적 상상과 관념을 여지없이 무지른다. 소나무는 요가를 하듯 백팔십도 제 무릎 비틀고 몸 일으켜 마애불의 솔 우산이 되었다. 솜처럼 흰 바위 면암(緜岩)에 모셔진 삼존불이 그 갸륵함에 자애로운 미소가 벙글어 만면에 가득하다. 오른쪽에는 백당나무 빨간 열매가 가지마다 아침햇살을 받아 영롱한 보석으로 빛나고 있다. 꽃이 희고 주로 불당 앞에 심는 꽃이어서 붙여진 이름이다. 한 알도 놓치지 않고 꿴 저 무념의 시간들이 내가 빌려 써야 했던 긴 겨울의 시간은 아니었을까. 배고픈 새들에게는 언제든 아낌없이 내주는 그 마음을 일찍이 가져와야 했던 것은 아니었을까.

경내를 나서며 절 입구에 선 층층나무를 바라본다. 몸 여기저기 삐죽이 내밀고 있는 새순이 보인다. 나무가 삼성각 주련의 첫 글귀 '영통광대혜감명(靈通廣大慧鑑明)' 더없이 큰 지혜의 거울 그 영통한 빛으로 제 몸의 가장 깊은 막장 어둠을 찢었다.

얼음을 녹이며 흐르는 해빙의 노래

백화사를 나온다. 길은 잠시 북한산 둘레길 제10구간인 내시묘역길로 이어진다. 조선시대 이사문공파(李似文公派) 내시들의 묘가 있어서 명명된 길이다. 지금은 그 흔적조차 찾아보기 어렵다. 후손들이 어찌했든 그것은 물질적 자본에 허둥대는 우리의 모습이며 아쉽게도 사라진 선대 문명의 역사다.

야트막한 언덕을 넘는다. 상태가 양호한 특별한 비석 하나가 있다. '경천군송금물침비(慶川君松禁勿侵碑)'다. 임진왜란 전후 일본과의 화평교섭에 공이 컸던 이해룡에게 하사된 사패지에 세워진 비석이다. 이해룡은 조선통신사 사자관(寫字官)으로 한석봉과 함께 당대의 명필이었다고 한다. 전면에는 '경천군 사패정계내 송금물침비(慶川君 賜牌定界內 松禁勿侵碑)'라는 각자가 뚜렷하다. 뒷면에는 '만력사십이년갑인시월 립(萬曆四十二年甲寅十月 立)'이라 새겨져 있다. 만력(萬曆)은 명(明)나라 말기 신종(神宗) 황제 때 사용한 연호다. 입비 시기가 명확한 현존하는 국내 유일의 송금비로서 그 역사적 사료 가치가 매우 큰 문화유산이다.

발걸음을 돌려 백화사계곡으로 들어선다. 참나무와 소나무가 반반 섞이며 이어진 산길이 호젓하다. 얼어붙은 계곡물은 청빙의 얼음 속에 제 목소리를 아껴두고 있다. 한 차례 땀을 내며 오른다. 공간이 넓게 트이며 위압적인 바위 하나가 수문장처럼 떡하니 버티고 서 있다. 정갈한 외양이 호랑이를 닮았다. 이 중골을 지키는 범바위다. 바위 아래로 얼음 폭포가 길게 이어져 있다. 잠시 가만히 앉아 있으려니 나지막한 소리가 들린다. 두터운 얼음장 아래로 물이 흐르는 소리다. 한파와 적설 속에 칩거했던 겨울, 빙폭이 안거를 풀고 다시 길을 내고 있다. 아무리 훌륭한 화두를 붙들었어도 파하지 않으면 갇히고 만다. 오랜 사유를 마치고 새 걸음을 놓으며 물이 부르는 봄의 노래다. 혹한 속에 짙푸르렀던 소나무의 색깔이 엷어질수록 겨울은 퇴색하고 봄빛이 돌기 시작한다. 바야흐로 이 산하에 봄이 오고 있음이다.

의상봉에서 보는 북한산의 장엄경

가사당 암문(袈裟堂暗門)에 닿는다. 의상봉과 용출봉 사이의 고갯마루다. 암문은 장대석을 이용하여 만든 평거식(平据式)이다. 양쪽에 힘센 장정을 연상시키는 소나무 두 그루가 성문을 지키고 있다. 왼쪽으로 몇 걸음 이동한다. 성곽의 아랫돌에 새겨진 각자 '팔패(八牌)'가 보인다. 단기간에 북한산성을 견고하게 축성할 수 있었던 일종의 실명제가 남긴 흔적이다.

암문을 통과하여 성곽에 올라선다. 장엄한 북한산의 조망이 시원하다. 봉우리들은 이제 막 피려는 연꽃 봉오리를 닮았다. 조금 더 넓은 전망을 확보하려 의상봉으로 향한다. 오후의 햇살을 받아 속살까지 드러난 산은 나무의 그림자 하나까지 눈에 읽힌다. 키가 훌쩍한 미륵불이 서 있는 원효봉 아래 덕암사가 보인다. 잔설이 녹으며 바위가 젖은 개연폭포가 어슴푸레 보인다. 염초봉 아래 이웃으로 자리한 상운사와 대동사가 보기 좋다. 돌올한 노적봉 아래 노적사는 운하(雲河) 건넌 별리의 세계다. 동장대도 보이고 봉성암도 보인다. 공간을 훌쩍 건너뛴 저편 원효봉의 이마가 가없이 둥글다.

의상봉에서 다시 길을 되돌린다. 소나무 숲이 터널을 이룬 능선길이 조붓하다. 최고의 전망을 자랑하는 명당바위에 자리를 잡는다. 낮달 나온 하늘 아래로 국녕사가 손금 보듯 훤하게 들여다보인다. 햇빛은 따사롭고 옷깃으로 스며드는 바람은 살갑다. 화첩을 편 화가의 여여한 붓질이 빨라지며 북한산의 위용이 속속 그 모습을 드러내고 있다.

우리는 지금 무엇을 보고 있는가. 눈을 어디에 두느냐에 따라 보는 것이 결정된다. 산에 두면 산을 보고, 물에 두면 물을 본다. 꽃에 두면 향기를 보고, 나무에 두면 내면의 평화를 본다. 세상에 두면 사람을 보고, 하늘에 두면 뭇별을 본다. 하지만 우리의 눈은 대상을 보기 전에 먼저 마음을 따른다. 몸은 단지 마음의 그림자라 하였다. 마음이 보는 것을 볼 뿐이다. 그것이 지금 이 산정에서 산이 보는 산의 마음이다. 흩어진 산심(散心)을 정심(正心)으로 이끄는 산심(山心)이다. 그 마음이 깊은 이는 이러쿵저러쿵 말하지 않는다. 좀처럼 자신을 밖으로 드러내지 않는다. 세상 누구와 섞이어도 다투지 않는다. 웃으며 산봉우리처럼 그냥 있을 뿐이다. 본 것을 그릴 뿐이다. 들은 것을 쓸 뿐이다. 그것은 산이 본 것이며, 산이 쓴 것이다. 그게 또한 산의 마음이다.

국녕사를 거쳐 산을 내려간다. 종소리도 내려가고, 만경대의 노을도 산을 내려간다. '국녕대불'이 내려가는 모두에게 환희의 미소로 안녕을 건네고 있다. 지금 내 마음에서 일어나고 사라지는 것들 모두 내가 다 만든 것이라며. 자신을 묶었던 것들 다 풀어버린 후에야 봄은 온다고. 이제 그대 마음의 집으로 어서 가라 한다. 이미 찾아온 봄이 거기 있을 것이므로.

산의 마음

산아, 산아 내 목숨의 산아
그냥 거기 산으로 있어라

봉우리와 봉우리 이 골 저 골
거느린 내 그대 산아

그대 사랑에 쿵쾅대는 심장소리
눈 감아도 들리지 않느냐

높으면 깊고, 낮으면 넓어라
앞산도 없고 뒷산도 없어라

그대 산아 그냥 거기 있어라
산의 산이 되어 산에 있으라

백화사 마애불 해빙의 미소

05_ 다락능선의 봄,
환상의 무대에서 연둣빛 왈츠를 듣다

봄비는 약비다. 비를 먹지 않고 사는 목숨은 없다. 비가 만물의 밥이다. 천년도 미동 없이 생각에 든 바위도 때로는 비를 먹고 생기를 되찾는다. 비는 하늘이 보내는 전언이기도 하다. 그 전언을 듣고 만물은 성장하며 생각이 깊어진다.

봄비에 하늘 열어 움튼 희망의 새싹들

봄비가 내렸다. 비를 먼저 맞은 나무들이 먼저 눈을 떴다. 대지는 촉촉이 젖고 내린 빗방울 수보다 더 많은 새싹이 텄다. 우듬지와 가지에 돋은 새 움이 곱다. 움들은 저마다 빛을 물고 나왔다. 환한 희망의 빛이다. 봄비를 타고 온 연둣빛 희망의 봄, 봄은 어김없이 그렇게 우리의 희망을 돌본다. 천 마리 양 중에서 길 잃은 한 마리 양도 포기하지 않는다. 끝까지 초원으로 이끈다. 그 봄을 맞으러 간다.

원도봉의 대원사 입구에 닿는다. '도봉산대원사' 일주문의 현판 글씨가 한글이다. 우리글을 아끼고 사랑하는 것은 우리의 얼을 빛내는 일이다. 지구촌 정보화 시대에 무분별한 인터넷 용어가 넘쳐나고 있다. 그로 인하여 우리의 말과 청소년들의 심리가 걱정스러울 만큼 왜곡되고 있다. 바르고 아름다운 우리 한글을 통해 고운 꿈을 키워나갔으면 좋겠다.

경내로 들어서자 대원선원(大圓禪院)이 보인다. 현판의 기운찬 글씨가 단박에 청류로 흘렀다. 낙관을 보기도 전에 현석(玄石) 이호신 화백이 대뜸 누구의 글씨인지 알아본다. 탄허(呑虛) 스님의 달필이다. 스님은 유불선(儒佛仙)과 주역 등에 달통하셨던 큰 선사이자 대학자로 청담 스님께서도 종보적(宗寶的) 존재라고 말씀하셨던 분이다. 미래를 꿰뚫어 보셨던 스님의 혜안대로 우리나라가 새로운 인류사의 주역이 되길 바랄 뿐이다. 가람을 두루 살펴본다. 가운데 대웅전을 중심으로 왼쪽에는 삼성각과 범종각, 오른쪽에는 천불전 등이 배치되어 있다. 규모가 큰 사찰로 그 면모가 잘 갖추어져 있다. 잠시 대웅전 뜰에서 비를 피한다. 어간의 국화와 모란 꽃살문이 곱다. 스님의 지심귀명례(至心歸命禮) 독송 소리가 꽃살문 무늬로 번지며 심금을 울린다. 마음이 마음의 끝에 다다랐을 때 괴는 눈물에 어룽이는 빛이 저러할 것인가. 한차례 꽃비를 맞고 가람을 나온다.

심원사(心願寺)로 향한다. 된비알 끝에 닿은 절의 입구가 환하다. 진분홍과 연분홍 진달래가 꽃망울을 터트리고 있다. 갈림길에 세워진 이정표가 어느 길로 가든지 모두 꽃길이라 한다. 심원사는 법보종찰 가야산 해인사 길상암의 포교원이다. 규모는 작으나 풍광은 아름답고 전망은 넓다. 단출한 대웅전은 검박해서 좋다. 왼쪽 자연 석굴로 간다. 합장하고 있는 토속적인 불상이 우리네 서민의 모습을 닮았다. 친근하고 푸근하다. 마음이 편안해진다. 그 편안해진 마음으로 세상을 본다. 꽃피는 산, 다시 찾아온 봄 삶은 나날이 기적이다.

통천문 지나 다락능선에서 듣는 봄의 왈츠

다락능선은 통천문을 지나면서 본격적으로 시작된다. 한 사람 빠져나가기 빠듯한 바위 통로다. 문을 통과하자마자 철제 로프가 설치된 바윗길이다. 어려운 길은 아니나 빗물에 젖어 미끄럽다. 올라서는 순간, 확연히 다른 세상이 나타난다. 멀리 포대능선 아래 망월사 영산전이 학처럼 고고하고, 몸을 돌리니 수락산이 손에 닿을 듯하다. 묘한 금붕어바위와 가오리바위도 보는 이를 즐겁게 한다. 바위에 자리한 소나무는 시간을 고도로 압축한 명품이다. 길은 아기자기한 암릉으로 이어지며 예측 불허의 변화로 재미와 즐거움을 더한다. 신갈나무에도 새싹이 돋고, 노간주나무와 팥배나무 등에도 물이 올랐다. 간간이 비가 내리고 오가는 옅은 운무가 산을 보여줬다 감추기를 반복한다. 암릉길은 갈수록 색다른 운치가 있다. 언제나 척박한 이 땅을 지키는 진달래와 소나무의 덕이다. 길가 소나무 한 그루에 눈이 머문다. 바위에 무릎을 꿇고 오체투지로 절하고 있는 모습이 성지 순례에 나선 어느 수행자를 닮았다. 삶은 신성한 것이며 시간을 탕진하는 것은 죄임을 깨우쳐 준다.

다락능선은 예기치 못한 곳에서 수시로 전망이 트인다. 모두가 압권인 최고의 조명 명소를 여기저기 감추고 있다. 도봉산 절경을 조망하는 두 번째 봉우리에 오른다. 노장(老莊)의 기운이 풍기는 장송 한 그루가 수문장처럼 버티고 섰다. 두 폭짜리 바위 병풍을 펴놓은 모양으로 책 바위를 연상케 한다. 흔히 테라스 바위라고 부른다. 건너편으로 세속을 벗어난 망월사와 절창의 포대능선이 한눈에 보인다. 바위가 앞으로 숙어져 비도 피할 수 있다. 생각해보니 집으로 삼은 이 도봉산을 포함한 북한산에 많은 신세를 졌다. 은혜를 입었다. 산돌배주 한 잔을 가만히 올린다. 걸음만이 나를 데려다 놓는다.

세 번째 봉우리를 지나 네 번째 전망대에 도착한다. 암봉을 왼쪽으로 돌아들면 별안간 특별한 은일의 장소가 나타난다. 널찍하고 깨끗한 너럭바위에 키를 낮춘 듬직한 소나무가 있다. 자연과 하나가 될 수밖에 없는 명당이다. 귀가 열려 서로의 마음을 듣는 소통의 시간이 흐른다. 영롱한 물방울이 나뭇가지마다 투명한 보석의 음표로 빛난다. 진달래꽃 붉은 화심(花心)에 젖어 신비경에 잠기는데, 천상의 노랫소리가 들려온다. 요한 슈트라우스 2세의 '봄의 소리 왈츠'다. 캐서린 배틀, 매혹적인 그녀의 미모와 '핑'이라고 불릴 만큼 귀에 꽂히는 오색영롱한 목소리다. 노래는 산상에 울려 퍼지며 아직 피지 않은 꽃봉오리를 흔들고 운무를 마음껏 휘젓는다. 감미롭고 감동적인 선율에 전율이 인다. 다시 경험하기 어려울 만큼 행복이 충만한 아름다운 꽃자리다.

절정에서 빛나는 장엄한 도봉의 아우라

일명 은석봉이라 부르는 미륵봉에 올라선다. 아찔한 벼랑 아래 은

석암이 보인다. 천상의 비경을 품은 천중선원 망월사의 진면목이 드러난다. 어디 그뿐이랴. 옛 토치카가 남아 있는 봉우리로 이어진 마지막 다락능선 너머로 위용을 드러낸 선인 만장 자운봉이 장관이다. 아래로는 조선시대 북관대로인 양 서울과 의정부를 잇는 간선도로가 시원하게 뻗어 있다. 건너편의 수락산은 설핏한 운무 속에서 수락동천(水落洞天) 비경을 슬쩍 감추었다. 다락능선의 유래와 의미에 대해 일행이 궁금해한다. 옛 그 북관대로가 도봉산 아래를 통과하고, 거기에 공무로 여행 중인 관원을 위한 다락집 형태의 원우(院宇) 덕해원(德海院)과 장수원(長壽院)이 있었기에 붙여진 이름이다. 그 유래와는 상관없이 다락능선은 필시 누구에게도 특별한 즐거움을 주는 다락(多樂)의 능선길이다. 제1락은 눈의 즐거움인 안락(眼樂)이요, 제2락은 마음의 휴(休)를 즐기는 심락(心樂)이며, 제3락은 꽃을 보는 화락(花樂)이고, 제4락은 차의 맛을 아는 다락(茶樂)이며, 으뜸인 제5락은 산에서 산이 되는 산락(山樂)이다.

두 번째 통천문을 지난다. 다락능선은 이 문을 지나며 마지막 전망대에서 또 한 번 절정에 이른 도봉(道峰)의 아우라를 아낌없이 보여준다. 이 절대수승의 풍광과 세계를 위해서 다락능선은 긴장과 이완 속에서 조화와 변화로 길을 숨기고 드러내기를 거듭했다. 보여줄 수 있는 것은 다 보여주고, 그렇지 않은 것은 아무것도 보여주지 않았다. 육안으로만 보는 것이 있는 반면 마음으로 봐야만 보이는 것들이 있기 때문이다.

이제 산을 내려가서 나는 또 세상 속으로 몸을 밀어 넣어야겠다. 함께 이 산을 가져가야겠다. 몸은 비록 세상에 있지만 마음은 산에 있고, 그 무엇을 보고 누구를 볼지라도 산을 봐야겠다. 자꾸만 멈칫거리는 하산 길, 만월암 폭포에서 걸음이 멎는다. "수류경귀해(水流景歸海) 월낙불리천(月落不離天), 물은 흘러 바다로 돌아가고 달은 져도 하늘을 떠나지 않는다." 어디선가 보았던 탄허 스님의 글씨가 아찔한 봄빛 절벽에 유수로 걸렸다.

봄비

맞아서 안 아픈 건
너밖에 없다

사랑이니까

느닷없이 눈이 되어
변덕을 부려도 너밖에 없다

사랑이니까

산불 횃불 일시에
다 꺼버리는 너밖에 없다

사랑이니까

고산앙지 도봉

06_ 신들의 정신이 깃든 북한산 성채, 칼바위능선에서 보다

날이 서야 칼도 대패도 제구실을 한다. 그렇지 않으면 사람을 다치게 하는 몹쓸 도구로 전락하고 만다. 숫돌에 갈고 갈아 번뜩이는 낫과 같이 정신도 벼리지 않으면 그만 녹슬고 만다. 호미와 삽이 흙을 싫어하면 끝내 고철이 된다. 하루라도 허투루 살기가 두려운 이유이다.

눈과 귀를 씻는 정릉계곡의 나무비와 물소리

산은 늘 나무를 앞세우고 자신을 뒤로한다. 결단코 전면으로 나서지 않는다. 그럼에도 산은 앞서며 생생하고 여여하다. 무사(無私)하기 때문에 큰 것을 말없이 이룬다. '자기 자신을 뒤로 돌리고(後其身) 남을 앞에 세워 신선(身先)하라'는 노자의 말을 잊지 않는다. 언제고 자기만을 위한 소아(小我)의 사심(私心)이 없다. 세상 모든 사람과 천하를 위한다. 그것이 산이다. 자생(自生)을 그만두고 부자생(不自生) 하는 이유다.

청수사 오름길에 내건 오색 연등이 곱다. 정릉계곡으로 들어선다. 옛 청수동의 계류는 고매한 어느 선비의 명성보다도 높고 맑았다. 그

청수(淸水)를 따라 형성된 계곡이다. 또한 그 당시의 청수장은 여름철이면 몰려드는 피서 인파로 길이 메워지다시피 하였다. 장안의 내로라하는 부호들은 물론 너나 할 것 없이 즐겨 찾곤 했던 한때를 풍미했던 장소다. 그만큼 산수가 아름다웠다. 절정을 맞이한 꽃 분분한 봄처럼, 가인의 미모처럼 현기증이 났다.

흘러오는 계곡물을 따라 길을 오른다. 흐르는 물도 유유하고 나들이를 나온 사람들도 유유하다. 산자락마다 신록의 나무비가 쏟아지고 있다. 봄비는 마음을 씻고, 나무비는 눈을 씻는다. 새로 돋은 참나무 잎에서 이는 연초록 바람소리를 닮은 물소리가 들린다. 소리를 따라가니 그림 같은 폭포가 계곡에 숨겨져 있다. 기실 위쪽에 있는 청수폭포는 인공적 작위로 인해 폭포다운 맛이 없다. 엄밀히 말하면 폭포가 아니다. 그 아쉬움을 이 와폭이 달래준다. 바위 사이를 흘러오는 힘찬 물살은 흰 옥구슬을 상담(桑潭)에 쏟아 붓고 있다. 상담은 폭포에 큰 줄기가 용틀임하며 계곡을 가로지르는 뽕나무가 있어 붙인 이름이다. 개연폭포, 동령폭포, 구천폭포와 더불어 북한산을 대표할 만하다.

대성문으로 가는 갈림길을 지나 보국문 방향의 오른쪽 길로 접어든다. 계곡물도 초록이요, 내려온 하늘도 초록이다. 이어지던 계곡이 멀어지고 상수리나무가 무성한 오름길이 나타난다. 아무리 힘들어도 지팡이를 짚지 않는 나무들의 그늘이 서늘하다.

일렁이는 칼바위능선에서 목도하는 하늘의 성채

정릉2교를 지나 이정표가 있는 갈림길에 선다. 외발로 서서도 변함없는 이정표의 확고부동한 자세, 신념은 방향이고 방향이 곧 길이다. 칼바위능선까지는 0.7km, 그러나 가파른 길이다. 첫 번째 관문인 작은 협로를 지난다. 한차례 땀이 흠뻑 날 때쯤 커다란 리기다소나무가 서 있는 지점에 닿는다. 북한산성의 주능선이 조망되는 시점이다.

리기다소나무는 북아메리카가 원산이다. 원줄기에서도 짧은 가지가 나온다. 잎도 세 개라 우리나라 소나무와 쉽게 구별된다. 척박한 땅을 좋아할 나무가 어디 있으랴만, 박토에서도 비교적 잘 견디며 자라 일찍부터 사방조림에 사용되었다. 6·25전쟁이 끝나고 복구가 한창이던 60~70년대에 민둥산마다 많은 리기다소나무가 심어졌다. 대부분의 하천이 천정천(天井川)이어서 집중호우 시 제방이 무너지고, 유출된 토사로 농경지가 매몰되는 일이 빈발하였다. 그렇다 보니 벌거숭이산의 건조한 땅에서도 자랄 수 있는 나무를 심는 일이 급선무였다. 앞뒤 가릴 상황이 아니었던 그 시절 선택된 나무가 바로 리기다소나무였다. 어쩌면 그것은 한계에 직면한 절박하고도 궁핍했던 시대의 우리 처지를 그대로 보여준 한 단면이라 하겠다. 먼 산을 바라보고 있는 리기다소나무의 뒷모습에서 퇴역을 앞둔 현대인의 우수와 그늘이 보인다.

능선에 올라선다. 소나무 뿌리와 바위들이 한데 엉켜 있다. 본격적인 칼바위능선의 시작이다. 조금만 신경을 쓰면 그다지 위험한 곳은 없다. 조심해야 할 곳은 암릉 정상부다. 허공에 뜬 봉우리 아래로 몸을 띄운 소나무가 담담하고 묵묵하다.

칼바위 정상에 선다. 한꺼번에 열린다. 무엇을 생각하고 인지할 겨를이 없다. 단번에 터진다. 천지를 개벽하는 꽃봉오리와 같이 열리는 이 아름다운 절승의 세계, 누구라도 탄성과 환호가 터진다. 드높고 웅혼하고 만덕장엄한 저 세계는 가히 신들의 거처요, 하늘의 성채다. 우리의 미혹과 의구심이 한꺼번에 씻긴다. 영원히 마음의 화랑에 걸리는 절창의 명작이 된다. 백악으로 빛나는 이 백미의 가경을 보지 않고 어찌 누가 세상의 아름다움을 말하랴. 양명하고, 강하고 조화롭다. 세계적으로 아름답기로 명성이 높은 독일의 노이슈반슈타인성을 바라보는 알프스 연봉의 풍광이 저럴까. 이 땅을 관장하는 어떤 신들이 있음직한 천연의 요새를 거처로 삼은 북한산 총사령부의 위용이 하늘을 찌른다. 시야는 멀리 열려 도봉산까지 한눈에 들어온다. 세상의 모든 말을 잊고, 잠시 무아의 시간에 잠긴다. 인생이 무상하다고 느낄 때, 혹은 쓸쓸하다고 여겨질 때 여기 서보시라. 마음먹기에 달렸지만, 세상은 얼마나 아름다운가. 꿈꾸고 죽도록 사랑하며 살고 싶은 삶에의 의지가 활활 불타오를 것이다.

귀룽나무에 남은 흰 꽃의 적요한 잔설

아찔한 칼바위를 내려선다. 벼랑 아래로 내려앉는 꽃잎을 사뿐 받아 안는 초록의 바람이 볼을 스친다. 내 안에도 늦은 산벚꽃 핀다. 붉은 복사꽃도 피고, 흰 조팝꽃도 핀다. 산성주능선을 걷는 길은 그렇게 꽃이 피는 시간이다. 대동문을 지나고 동장대에 닿는다. 조선시대에 금위영 장수가 주둔했던 곳이다. 북한산성 축성이 끝난 이듬해인 1712년(숙종 38년)에 세워진 장대(將臺)다. 이어 시단봉에서 곡성(曲城)으로 간다. 흰 화강암으로 쌓은 산성이 용의 긴 꼬리로 이어지며 용암봉으로 연결된 모습이 유려하다. 또한 노적봉과 만경대, 인수봉이 만들어내는 독특한 구도는 진경의 세계를 아낌없이 보여준다.

산성주능선을 벗어나 태고사 방향으로 내려선다. 푹신한 낙엽 이불 속에서 신혼의 단꿈을 곱게 꾸었던 노루귀는 꽃을 버린 지 오래다. 적막 속에서 귀만 커지고 있다. 계곡 가에 수줍게 피었던 처녀치마 역시 자색 꽃은 온데간데없다. 내년의 봄을 위해 세탁한 남빛 치마를 햇빛에 널어 말리고 있는 중이다.

태고사 경내에 들어선다. 태고(太古)는 왕사와 국사를 지낸 고려 말의 고승으로 시호가 원증(圓證)인 보우의 법호다. 사찰이 높고 깊은데 있어서 찾는 이가 많지 않다. 외려 고적함이 좋다. 앞으로는 의상능선, 오른쪽으로는 노적봉과 만경대의 수려한 산세로 가람을 둘렀다.

대웅전 바로 옆의 보물 제611호인 '태고사원증국사탑비'가 있다. 비문은 목은 이색이 짓고, 글씨는 당대의 명필 권주가 썼다는 안내문이 있다. 귀부 위에 비신을 세우고 개석을 덮었다. 운문(雲紋)에 조각한 쌍룡이 생생하다. 산신각을 지나 '태고사원증국사탑'을 보러 간다. 보물 제749호다. 받침돌, 몸돌, 지붕돌, 상륜부 등이 전체적으로 조화가 잘 이루어졌으며 투박한 맛이 단출한 가람과 잘 어울린다. 잠시 천해대에 올라 몸을 앉힌다. 이 산속에서 보는 바다는 무엇일까? 공간이 터진 세계 그것은 아마도 마음일 것이다.

해가 많이 길어졌다. 석양을 받으며 노적봉에서 클라이머들이 하강을 하고 있다. 계단을 내려와 수령 170년이 넘은 보호수 귀룽나무 아래에 선다. 매년 한 번도 거르지 않고 대설(大雪)의 흰 꽃을 피우는 나무다. 다 지고 반만 남은 꽃마저 잔설로 스러지고 있다. 깊디깊은 제 안의 적막 속으로 뭉실뭉실 피워냈던 사색의 꽃구름, 눈구름 다 쓸어 넣고 있다. 가장 먼저 봄을 가져보았으므로 봄을 먼저 보내고 있다. 늦된 나무들이 피워내는 꽃들의 화광을 위해서 자신을 그렇게 뒤로 돌려세우고 있다.

이정표

외발로 서서도
끝까지 버리지 않는다

의심의 여지가 없는
확고한 방향이다

발목이 썩어도
바뀌지 않는 신념

북한산 성채

제2부

여름, 산이 산을 만난다

– 열정과 사랑이 만드는 연옥의 계절

열정과 사랑이 만드는 연옥의 계절

사랑하고 있는 한 우주는 내 작은 숨결만으로도 뜨겁다. 그것을 놓치는 순간 빙하기가 닥쳐온다. 그럼에도 불구하고 여전히 나는 아직도 이 세상에 존재하는 가장 큰 미지다. 나의 이목구비는 언제나 밖으로 열려 있을 뿐 내면의 세계를 바라보거나 귀 기울여 들으려 하지 않는다. 이따금 부지불식간에 뿜어져 나오는 간헐천(間歇泉)과 같은 소리에 깜짝 놀라지만 이내 잊어버리고 바깥세상에만 사로잡힌다. 감각은 주로 외부의 것들에만 발달되어 있고, 오감의 뿌리가 아무 맛도 모른 채 습관처럼 물기만 빨아들이는 탓에 그것이 얼마나 절절하고 필요한 것인지를 의식하지 못하고 있다. 그렇지 않고서야 어떻게 나의 삶이 이리 무덤덤할 수 있는가.

무엇을 잃어버린 것인가? 이 폭염 아래 홀로 배낭을 메고 거친 산비탈을 오른다. 펌프질을 하는 심장 소리에 내가 살아 있음을 느끼는 이 고독한 평화는 무엇을 말해주는 것인가. 아무렇게나 내 던져진 부정형의 저 완고한, 그러나 아주 편안한 침묵의 바윗덩어리가 산을 이룬 너덜지대를 헐떡이며 올라 바위에 앉아 걸어온 길을 잠시 바라본다. 지나온 원경이 한눈에 들어온다. 공간적 거리는 걸어서 온 시간의 길이와 비례하며 항상 자연을 느끼고 사고한 지금까지의 총체적인 나의 모습으로 읽힌다. 연이어 내달리는 웅장한 산줄기를 바라본다.

삶이 존재하는 한 그 모습을 올연히 드러나게 하고 끊어질 수 없게 하는 것이 있다. 삶을 삶답게 존재를 존재답게 만들어주는 생의 에너지가 있다. 지금 내가 앉은 이 옆에서, 앞과 뒤에서 천변만화의 무궁하고 웅혼한 대자연을 바라보며 묵상에 잠긴 바위들의 앉음새도 그걸 생각하고 있을 것이다. 자신도 한때 불이었던 그때를 회상하며 제 몸 어딘가에 깊이 숨겨진 불씨를 지피고 있는 중이다. 살이 델만큼 뜨겁게 달구어진 것이 비단 내리쬐는 염천의 불볕만이 아니다. 무엇이 이들을 이렇게 달구고 있는 것일까. 뜨겁지 않은 것들은 조금 뜨거운 것에도 쉽게 데지만, 뜨거운 것은 더 뜨거운 것들과 이내 아주 뜨거운 것이 됨으로써 서로에게 화상을 입히는 상처로부터 자유로워진다. 그러면 그런 열정 하나만으로 우리는 사랑을 시작할 수 있는가. 그렇다면 인류는 아담과 이브 이래로 누구도 사랑에 실패하지 않았을 것이다.

사랑은 분명 열정이 필요하고 열정으로 시작되지만, 종국에는 통제되지 않는 욕망과 이성이 눈감아 버리는 시점에서부터 진행되는 마음의 청맹으로 실패하게 된다. 어느 순간이고 고요의 등불이 비추어 내는 대상에 대한 새로운 발견은 낯섦과 다름에 대한 이미지로부터의 포착이지만 분명히 그것들은 아름다움을 일관성 있게 받쳐주는 덕을 바탕으로 해야 한다. 그럴 때만이 '미'라고 하는 아름다움은 이따금 생을 담보로 도박을 걸고자 하는 그 대상의 팜므파탈적인 유혹과 질시와 의혹으로부터 자기 자신의 마음을 순교적인 자세로 흔들림 없이 지킬 수 있다. 그뿐만 아니라 이 세상의 도덕과 규범이 날을 세우는 금기의 칼날로 처참히 난자당하고, 말의 주먹과 발길질로 집단적 폭력을 당해야 하는 수모로부터 온전히 견디어낼 수가 있다.

이 세상에 마음이 아닌 것은 없다. 마음이 현실을 만들고, 마음이 모든 것을 이룬다. 마음은 그림을 그리는 화가와 같다 하였다. 세상의 온갖 것들을 자기의 마음 본연대로 그리는 것은 삶에서 얻은 상처의 치유이기도 하다. 고통과 슬픔 또한 그 스스로 만든 것이기에 스스로 그것을 지우고 소멸시키는 것도 마음이 할 일이다. 마음이 그리고 만들어 내는 것보다 더 어려운 일은 그것을 지우는 일이다. 지우려 할수록 더욱 선명히 되살아나고 그 흔적들이 바탕에 남아 어지럽히는 경우가 많기 때문이다.

마음은 무엇인가? 그것은 우리가 연원을 따지기 힘든 저 먼 우주에서 오는 것이며 내가 몸을 얻어 태어나는 순간 가장 깊은 영혼의 안쪽에서 생겨나는 것이다. 마음은 큰 산을 거느린 샘물과 같아서 그 근원이 깊고 깊어 그 자체를 헤아리는 일에만 몰두하는 것은 마치 문자에만 사로잡혀 그 의미를 읽지 못하는 것과 같다. 샘물은 흙이라고 하는 가장 고운 체로 걸러지고 여과되어 분출하는 까닭에 그 심성이 맑고 심원하다. 추울 때는 따뜻하고, 더울 때는 시원하여 본성을 지키는 그 마음이 순일하다. 그 물이라고 하는 마음이 차고 넘치면 턱을 넘어서 비로소 마음이 마음으로 건너간다. 그 마음의 물결이 밀고 오는 파동으로 생은 순식간에 꽃이 피고 우주가 환해진다. 지금 내가 사랑하고 있다면, 틀림없이 환하게 꽃핀 봄을 지나온 것이다. 봄이란 그 마음이 건너올 때 고요가 빚어낸 마음의 개화 속에서 맞는 계절이 아닌가. 누구에게나 그런 봄이 있다. 그것이 짧든 길든 아주 순간적이라 할지라도 한순간에 우주를 환하게 꽃피게 하는 봄날이 있다.

모든 여름은 봄을 그 출발점으로 하듯 삶은 늘 그렇게 사랑을 첫걸음으로 내세워 시작하기를 갈망한다. 비록 그것이 벼랑 위에서 뿌리를 내리는 한 그루 나무라 할지라도 수몰 지역이 될 것을 앎에도 불구하고 자리를 잡는 씨앗과 같이 한번 시작한 사랑은 무성히 잎을 틔워 존재의 골격을 키우고 그 한가운데에 집을 짓게 하며 단 한 개의 열매를 거두지 못할지라도 결코 중도에서 멈추지 않는다. 그러나 종종 사랑을 하고 나서는 후회를 한다. 후회란 내가 한 일에 대한 반성이기보다 하지 못한 일에 대한 회한일 때나 적용될 수 있는 말이다. 강을 건너보지도 않고 바라만 보느니 영법을 잘 몰라 허우적거릴지라도 그 깊이를 목숨으로 재보다 가까스로 벗어나 강둑에 앉아 다시 바라보는 강물이 자기의 수심으로 바뀔 수 있지 않겠는가.

산을 바라보기만 하고 길의 알고 모름을 떠나 몸소 걸어서 넘어보지 않고는 선택과 결정의 갈림길에서 프로스트의 '가지 않은 길'을 떠올리며 깊은 침묵과 고요 속에 든 자신을 만날 수 있는가. 사랑은 어느 경우라도 배낭이 어깨를 파고드는 것과 같은 고통을 수반하는 까닭에 희생을 감수하고, 이타적인 마음으로 상대방을 바라보며 이해할 때만이 인내하는 걸음으로 끝까지 걸어갈 수가 있다. 또한 시작했다면 후회하지 않아야 한다. 중도에서 돌아갈 수 있는 곳이 우리에게 있는가.

삶은 오로지 한 번뿐인 지금의 이 순간을 사는 것이다. 지나간 어제에 대한 회상이 아니며 아직 오지 않은 내일에 대한 막연한 꿈과 기다림이 아니다. 지금 내가 만나고 있는 사람, 그로 하여 지금 내가 피부로 느끼고 숨 쉬는 그 마음으로 마음이 전적으로 투사되어야 한다. 물방울이 바위를 뚫는 일념의 집중력, 그 온 힘으로만 우리는 누군가에게 다가가고 그를 지나갈 수 있는 것이다. 그렇지 않고는 창호지 한 장도 지나가지 못하리라. 물방울은 자신이 미약하나 무엇이 참된 가치와 힘이 되는지를 알고 있다.

산은 서두르거나 움직이지 않는다. 번개가 내리치고 때로는 태풍이 몰려오며 폭우가 쏟아져도 피하지 않는다. 그 모든 현상을 받아들임으로써 자신에게 가해지는 어떤 유해한 환경이나 긴박한 상황에서도 침착성을 잃지 않는다. 그 스스로 위기를 바꾸며 변화시키는 모습을 통해 산은 더욱 산답게 그 모습을 견지하고 항구성을 부여한다. 지속적인 가치가 어떻게 발현되고 유지되는지를 보여준다. 사랑은 이 세상 가장 크고 빛나는 언어이지만 언제나 그것은 고요를 바탕으로 삼을 수 있어야 한다. 산의 높이는 그 높이보다 훨씬 더 깊은 깊이에서 나온다. 풀이나 나무도 그 뿌리를 모두 합하여 세우면 우리가 생각하는 개체의 높이보다 훨씬 높다. 그런 깊은 곳에서 오는 것들이야말로 우리가 보기에 아스라한 저 나무의 꼭대기까지 수액을 끌어 올릴 수 있는 것을 인정하듯이 어느 순간에도 산이 그 높이에서의 고요와 평화를 잃지 않는 것을 느끼기 위해서는, 저 깊은 곳에서 올라오는 고요를 감지할 수 있어야 한다. 그때 비로소 사물은 제 이미지를 드러내며 우리가 모르는 새로운 의미를 읽을 수 있게 된다. 의미를 읽지 않고 우리는 사랑할 수 있는가. 가치를 모르고 누구에겐가 정녕 다가갈 수 있는가.

산이 늘 고요하듯 우리는 사랑에 있어서도 고요한 평정을 유지해야 한다. 그것은 평상심이다. 산이 고요한 것은 인간을 이해하고 그 스스로 부단히 명상하기 때문이다. 우리의 사랑이 그러하기 위해서는 사랑은 먼저 이해가 바탕에 침윤되어 있어야 한다. 그럴 때만이 마음의 고요가 흔들리거나 깨지지 않는다.

고요한 사랑이 맑고 큰 호수를 만든다. 고요한 사랑이 강물을 깊게 흐르게 한다. 고요를 잃으면 사람은 지속적인 사랑을 이끌어갈 힘을 지니지 못한다. 그 순간 끊임없이 소란과 싸우며 모든 것을 밖에서 구하려 하기 때문에 욕망의 바퀴가 가속도를 높이며 걷잡을 수 없이 몰아가는 속도를 제어하지 못하고 급기야 어느 순간 통제력을 잃는다. 그러한 까닭으로 오늘날 우리의 사랑은 너무 시끄럽다. 경박하고 경솔하다. 패스트푸드적이다. 또한, 너무 인색하고 옹졸하다. 오만하다. 신비감도 없고 외경심도 없다. 그 결과는 어떻게 나타나는가? 멀티미디어의 성형미인이 미적 기준의 으뜸 가치로 오도되고 있으며 요란한 광고로 하루도 우리의 영혼이 조용할 날이 없다.

산도 마찬가지다. 겸손과 겸허가 사라지고 편의와 안전이라는 구호를 앞세워 이 산 저 산 곳곳에 철주를 박고 쇠줄을 설치하고 철제 계단을 만든다. 그러한 인간의 편의와 도구들이, 우리가 그렇게 믿은 사랑이 때로는 자연이 휘두르는 분노의 망치로, 때로 신의 완강

한 거부의 뜻으로 되돌아오는 것을 목격하지 않는가.

사랑은 어떠한 경우도 그 순수한 마음을 잃으면 일체의 의도를 헛되게 만든다. 산은 고요하면서도 내면적인 열정이 뜨겁다. 오로지 인간만이 그 열정을 잘못 사용하는 탓에 청춘은 짧아지고 우리는 쉬이 늙는다. 그래도 인간은 모른다. 지독한 소란 속에서 모든 고요를 다 잃어버렸기 때문이다. 사랑은 항상 고요 속에 있을 때 더욱 빛나기 시작한다. 사랑은 빛이며, 빛은 사랑을 기원으로 한다. 사랑하는 순간 빛이 생긴다. 그 빛은 인간의 가장 깊은 내면에서 형성되는 것으로 순식간에 자신을 채우는 충만함과 밖으로 인간의 본성을 가장 자연스럽게 드러내는 신의 의지로 작용한다. 신의 의지가 어떻게 나타나는지는 얼굴을 통해 증명된다. 인간의 내면세계가 얼굴을 통해 드러나듯 산 또한 자신의 얼굴을 통해 신의 내면을 드러낸다. 사랑은 존재에 대한 일치감이며 생의 바퀴를 굴리는 원동력이다. 빙하기를 거쳐 온 따뜻한 신의 숨결이다. 우리는 그 숨결로 호흡하고 시간을 사는 것이다.

우리는 사랑에 있어서 아직도 영원한 미지다. 우리가 알지 못하는 산길에 접어들었을 때 두려움을 느끼는 것은 '산'이라고 하는 물리적 공간의 공포보다는 아직 한 번도 그 모습을 드러내지 않은 자기 안의 세계, 그 미지에 대한 공포감이다. 자신보다 더 미지한 세계가 또 어디에 있는가? 그럼에도 불구하고 열정과 사랑은 그 대상에게로 걸음을 이끌게 한다. 지금까지 자신이 느끼고 축적한 모든 경험과 기억들 그 배경의 신비감까지 모두 데리고 간다. 그리하여 그 대상을 대하는 순간 자신이 담아 온 모든 것들이 두 개의 눈으로, 천 개의 눈으로 서로를 응시하고 마침내 영혼의 두 세계가 가까워지면서 일체감을 느끼게 된다. 인간의 내면세계로 가는 길은 바깥이 아니라 그 역시 내면이기 때문에 늘 자신을 출발점으로 한다. 그 누구라도 내면적 얼굴을 바라보지 않고는 그 대상에게 이를 수가 없다. 서로를 응시하는 시간의 깊이 속에서 가슴이 덥혀지는 온점을 지나고 비등점을 넘어서 마침내 영혼이 소통된다. 그때 세상의 잡다한 말들은 슬그머니 사라지고 자취가 없어 우주가 고요해진다. 사랑은 알고 있다. 말이란 혀를 통해 입에서 나오는 것이지만, 그것은 애정 어린 마음에서 나온 것이어야 한다는 것을. 그럴 때만이 마음이 마음을 건너 서로의 영적인 세계가 하나로 합치될 수 있다는 것을.

다시 산을 보라. 저 깊고도 드넓은 세계 속에서 나의 존재는 무엇인가. 지금 보고 있는 것이 바로 나의 모습이다. 사물의 형상을 통해 드러난 이미지는 곧 그 존재를 새롭게 만든다. 사물은 또한 하나의 이미지로만 존재하는 것이 아니라 그것이 지시하는 세계를 보여주는 기표이기 때문에 우리가 반드시 읽고 넘어가야 할 텍스트가 배경과 이면에 있다.

문자가 뒷전으로 밀려나고 전면으로 부상한 비디오 문화 속에서 길들여진 사람은 자연의 신비와 외경심으로 찬찬히 읽어야 할 산이 지닌 그 경전을 읽으려 하지 않는다. 맛도 마찬가지다. 패스트푸드에 의해 성장한 경우 음식이 지닌 그 고유의 융숭한 맛과 향기를 알겠는가. 열정과 사랑은 비디오적인 영상이 보여주는 외형의 모습만으로는, 패스트푸드의 즉물적인 맛과 편리의 일천함만으로는 그 고요의 깊이를 알려주지 못하고 살과 피가 뜨거워지지 않는다.

우리는 이미 맹목적으로 외형의 화려함만을 추구하며 장식문화에 스스로를 길들여온 탓으로 내적 창조와 진화를 동반한 진정한 변화가 아닌, 본성의 변질로 자신만 바쁘고 시끄럽다. 숨 가쁘게 몰아치는 변화 속에서 산이 가지고 있는 신비를 진정으로 보는 눈을 잃었다. 그렇기에 일면 산이 마치 헬스클럽의 풍경으로 전락하고 만 느낌이 드는 것도 같은 이유다.

하지만, 가만히 보라. 산은 보면 볼수록 잠언과 잠언이 만나 이룬 위대한 시다. 산은 아주 복잡한 것을 지극히 단순 명료하게, 단순한 것을 다양하고 이채롭게 보여주기 때문에 산의 배경과 이면 그 바탕에 있는 깊고도 광대한 세계를 모두 다 이해하기는 어렵다. 지금껏 내가 만난 가장 큰 책이며 경전이다. 산을 집 삼아 살아도 끝까지 읽기가 어렵다. 읽다가도 그 뜻을 놓쳐 처음으로 돌아가기 일쑤다. 우리가 그 산을 백 번 갔다 하여 진정 그 산을 아는가. 우리가 누군가를 백 번 만났다 하여 진실로 서로를 아는가. 마음과 마음, 생각과 마음, 그리고 따뜻한 이해와 깊은 고요가 사유의 이와 함께 서로 맞물려 돌아갈 때 한 사람을 제대로 알 듯 우리는 겨우 산속으로 한 걸음 걸어 들어갈 수 있다.

낯선 것은 새롭다. 새로움에 눈뜰 때 그 어느 때보다도 열정에 불타고 깊은 애착과 관심이 고조된다. 그러나 점점 시간이 지날수록 뜨거운 열정은 식고 흥미를 잃게 된다. 새롭게 인식되던 그 대상이 이미 친근해지고 익숙해졌다는 의미다. 사랑은 박물관에 전시된 유물들에 대한 수평적 시각이 아니라 그 사물이 갖고 있는 시간에 대한 깊이의 시각으로 다가갈 때 그 속에 깃든 시대의 정신과 사람의 숨결을 느끼듯 수직적 사고와 깊이에 대한 천착이 일상의 관념적 사랑을 뛰어 넘어 뼛속으로 오는 따뜻함과 차가움이 함께 전해지며 영적인 생의 강물로 흐를 수 있는 사랑으로 발전되고 승화된다.

산은 바로 처음의 그 열정과 사랑이 한결같이 지속되는 방법을 가르쳐준다. 매번 갈 때마다 가슴 뛰고 설레는 것을 무엇으로 설명할 것인가. 늘 감사하고 평화에 이르게 하는 힘이 무엇인가. 산은 늘 항구불변의 모습을 보여주지만, 우리가 모르게 매 순간 변화하고 심화시키기에 같은 형상이면서도 모습이 다르다. 어느 한순간도 산이 그 자신이 지닌 깊이의 세계에서 밖으로 나오지 않는 까닭이다. 마땅히 우리가 경계해야 할 것이 있다. 타성이다. 인간 스스로의 익숙함에 길들여진 안일과 데자뷰적 기시감이 신비와 창조의 정신으로 가득 찬 그 모든 열정과 사랑의 대상에 무관심의 장막을 드리워 그 아름다움을 철저히 가리는 행위임을 알아야 한다. 그런 까닭에 산은 이따금씩 자기 자신도 모르게 마음과 정신이 길을 벗어나는 순간 다리를 걸어 넘어뜨리거나 바위와 돌을 망치 삼아 우리의 몸을 내리치거나 나무로 회초리를 휘두르고, 안개와 구름으로 길을 잃게 하는 등 다양한 방식으로 인간에게 각성을 요구한다.

종종 경험을 하듯이 넘어지고 깨지고 잠시 길을 잃고 인생은 늘 그렇게 사소한 것들로 이루어지지만 그것들을 우리가 어떻게 다루는가가 관건이다. 얼핏 생각하면 아무것도 아닌 것으로 생각되기 쉽지만, 그것은 우리가 삶을 대하는 방법적 태도가 아주 진지하고 신중해야 한다는 것이다. 산은 늘 먼저 자신을 사랑하고 그 사랑으로 사람을 대하기에 누구에게도 상처를 주거나 길을 잃게 하기를 조금도 바라지 않는다.

'당신은 무엇을 찾아 그토록 바쁘게 돌아다니다 길을 잃고 여기에 왔는가?' 마음이 고요해지니 비로소 산이 말하는 침묵의 소리가 늦게 핀 진달래처럼 선명히 들린다. 홀로 있다는 것은 고요하다는 것이다. 고요할 때는 삿된 마음이나 산발적이고 단편적인 생각들이 물러난다. 문득, 인식의 문이 깨끗하게 열리는 것을 느낄 수가 있다. 거기엔 어떤 미움도 없다. 원망 또한 없다. 어느 것도 미워하지 말 것이며 원망도 후회도 하지 않아야 한다. 그 미움과 원망으로 붙잡혀 있기에는 인생은 너무도 시간이 아깝고 하고 싶은 일들이 많다. 이토록 원시성이 훼손되지 않은 신비의 아름다움이 설악에서 보았던 솜다리처럼 눈물겹게 빛나지 않는가. 한 걸음을 걸을지라도 산은 다만 깊이로 걷기를 우리에게 끊임없이 침묵으로 말하고 있는 것이다.

우리는 삶에 있어서 어느 것도 피해갈 수가 없다. 사랑에 있어서도 사랑이 주는 행복과 기쁨만 생각한다면 이미 그 사랑은 도망치고 있거나 이울고 사라지고 말 것이다. 한쪽만을 취해서는 다른 한쪽은 그 기능과 존재의 당위성을 잃게 된다. 껍질 없이 과일을 얻을 수가 있는가. 지상의 어둠 없이 하늘의 빛이 오는가. 우리가 어떤 무엇인가를 갖는다는 것은 그 알맹이가 지닌 껍질까지도 빛이 가진 어둠까지도 모두 받아들인다는 뜻이다. 그것만이 온전한 얻음이다.

우리는 늘 사랑하며 살기를 바라지만 사랑은 때로 존재를 뿌리 채 뽑으려는 거대한 바람을 몰고 온다. 바람 앞에서 누가 흔들리지 않는가. 누가 고통스런 바람 앞에서 울지 않는가. 누가 바람 앞에서 고요할 수 있는가. 바람이 올 때 비로소 모든 것이 드러난다. 흔들리고 부러지고 뽑히고 악착같이 자신을 붙드는 모습, 그것이 사랑이다. 흔들릴 것은 충분히 흔들리고, 부러질 것들은 다 부러지고, 뿌리 뽑힐 것들은 어김없이 뽑히고, 그렇지 않을 것들은 어떠한 바람 속에서도 제 모습을 지킨다. 바람이 지나간 후에야 존재는 비로소 제 모습을 보여준다.

하늘을 향하여 우뚝 솟은 금강송도 제 상처를 어루만질 때 더욱 향기가 나고, 바람이 지나간 산속은 새들의 노래가 맑고, 새로운 샘물이 솟으며 존재하는 모든 것들은 더욱 고요해진다. 바람은 그렇게 모든 깊이를 가늠케 한다. 이 지상에서 가장 큰 침묵 그 바다의 깊이를 재고 움직이게 하는 것도 바람이다. 바람만이 자유로운 하늘의 길이요 하늘만이 바람을 받아줄 수 있다. 우리는 너무도 작아서, 우리는 너무도 얕아서 그 바람 앞에 쉽게 흔들리고 가볍게 뿌리를 뽑힌다.

인류의 역사 이래 가장 빛나는 영광을 차지한 것은 사랑이며, 가장 많이 상처받은 것도 사랑이다. 인간의 걸음이란 바로 그 상처를 치유하며 보다 더 온전한 삶을 만들기 위하여 인간 영혼의 투지가 적극적으로 나타난 것이다. 그 적극적인 투지가 인간의 역사를 이루고, 신화를 창조할 수 있었다.

여름은 사랑하는 열정 하나로 뜨겁다. 무수한 생명들이 마음껏 존재를 드러내고 시간과 공간을 확장시키며 무한히 뻗어나는 여름은 우리가 살아있음을 확인시켜 준다. 이글거리는 태양, 순식간에 천지를 울리는 우레 소리, 사위를 적시는 빗줄기, 벌판을 건너는 섬광, 거침없이 흐르는 계곡물, 등짝을 후려치는 바람, 다시 부드럽게 산허리를 휘감는 구름, 꽃피는 천상의 화원, 여름 속에서 만물은 비로소 제각각 존재의 뼈마디를 늘인다.

이런 여름이 없다면 우리의 가을 또한 찾아오지 않는다. 사뭇 존재를 모두 다 태워버리고 싶은, 물 한 방울 남김없이 증발시키고 싶은, 한순간에 뿌리 뽑혀져 벼랑에 던져진 풀 한 포기의 목숨으로 지나 보는 그런 여름이 없다면, 바위에 오르다 추락하는 그 순간에 떠오르는 얼굴 없이 온몸에 새겨지는 상처 없이 너의 이름이, 나의 걸음이 어찌 뼈에 새겨지겠는가. 키니네! 키니네! 말라리아에 걸려 불덩이 하나로 혼절한 사막의 한가운데서 유일한 특효약, 신 같은 너의 이름을 어찌 불러보겠는가. 자신도 모르게 다녀간 늦은 봄비에 온몸을 적셔 모든 이불이 추운 한 그루 은수원사시나무의 오한을 알겠는가. 그런 시간을 거쳐 때로 자신을 흔드는 욕구와 욕망과 갈망 이 모든 것이 충분히 마음속에서 용해되고 이해되어 온전한 서로의 것이 될 때 승화된 사랑으로만 모든 욕망이 거두어진다.

'사랑하는 순간 자기 안에는 하나의 화학공장이 들어선다.' 사실이다. 의학 저널을 보면, 호감이 갈 때 도파민이 분비되어 산정에 올라섰을 때와 같은, 시원한 맥주를 들이켰을 때와 같은 쾌감을 얻고, 포옹하는 순간 옥시토신이 분비되어 육체적으로나 정신적으로도 만족감을 준다. 뿐만이 아니다. 그 사랑의 결실로 얻은 평화는 끝없이 엔돌핀을 분비시켜 한없는 안정감을 주고 서로에 대한 친밀감을 높여준다. 이와 같은 생화학적 물질의 조화로운 작용으로 사랑이 지닌 열정은 로맨틱한 감정의 상승작용으로 말미암아 우리에게 무한한 행복감을 준다. 정신적 사고와 본성이 자기의 몸과 한 치의 오차도 없이 정확히 일치하여 나타나기 때문에 우리의 몸은 솔직하고 뜨겁다.

사랑하는 한 결코 우리는 늙지 않는다. 끊임없이 사랑하라. 사랑 안에 모든 것이 다 있다. 그대가 산을 오르지 않아도 그 안에 산이 있고, 그대가 바다에 가지 않아도 바다가 보인다. 삶도 죽음도 그 안에 있다. 하지만 진실로 사랑한다면, 사랑하며 살고 싶거든 논리의 메스와 분석의 현미경을 들이대지 마라. 의혹의 랜턴을 켜들지 마라. 상대방을 이해하고, 그의 허물은 물론 죄까지도 사랑하라. 그럴 때만이 눈물과 고통, 고독과 슬픔으로부터 너 자신을 구하게 되리라.

나는 지금 북한산에서도 해발 1578미터의 설악산 고요 속에 앉아 있다. 여름은 만남의 계절이다. 나무가 나무를 만나고, 사람이 사람을 만나고, 산이 산을 만난다. 실질적으로는 북한산이지만 심리적 느낌의 장소는 귀때기청봉이다. 여기 인수봉, 아무도 따라오지 않는 더는 어느 길도 나를 내몰지 않는 산이 산을 만난 내 안의 산속에 있다. 누가 예까지 나를 오게 하였는가. 추호도 존재를 의심하지 않고 쏟아붓는 산정의 은혜로운 햇볕은 나의 깊은 침묵이 되어 골짜기를 푸른빛으로 메우고 능선을 파도치게 하고 있다.

우리는 가끔씩 자신의 가장 깊은 내부에서 분수처럼 올라오는 무엇인가에 화들짝 놀랄 때가 있다. 나는 그것이 나의 삶 속에 흐르는 가장 깊은 본성, 사랑이길 원한다. 나 역시 빙하기 속에서 얼어붙은 삶을 사는 것을 바라지 않기 때문이다. 또한 나는 폐가로 남고 싶지도 않다. 뜨거웠던 내 삶의 열정들이 쓸쓸한 인생의 야적장에 그대로 방치된 폐기물로 남는 것을 나는 원치 않는다. 그것은 나의 삶이 패배하는 것을 뜻하기 때문이다. 비록 나를 지탱해주는 사랑의 본성이 길을 잃고, 상처가 되어 나를 어느 길에서 또 헤매게 할지언정 아플수록 상처는 기억 속에 깊이 새겨진다. 누구도 세워줄 수 없는 생의 이정표가 된다.

이따금 지형도를 들여다보며 방향을 확인해보는 것은 바로 그 기억의 나침판이 가리키는 내 삶의 목표점에 대한 가늠이다. 나 역시 지금까지 편협한 외관을 좇아서 살아왔는지도 모른다. 그러한 심적 반성의 내 안 깊은 곳에서 오늘만큼은 내가 진실로 나에게 외치고 싶은 말이 있다. 오래전에 에머슨이 내 귀에 대고 외쳤다. "이제부터 나는 진리의 소유물이다. 앞으로 나는 저 영원의 법이 아닌 다른 율법에는 복종하지 않을 것이다." 나 또한 그 외는 아무것도 맹세하지 않을 작정이다. 그렇기 위해서라도 그가 강조하였듯 나는 지금까지의 당신들의 관습에서 이탈해야 하겠다. 나는 나 자신이 되어야겠다. "나는 더 이상 당신들을 위해서 나 자신을 길들이는 일을 할 수 없고 당신들을 그렇게 할 수도 없다. 만일 당신들이 본연의 나를 사랑할 수 있다면, 우리는 그만큼 더 행복해질 것이다." 내가 아직은 너를 가슴으로 만나고, 내가 언제나 마음을 순수한 네게 두는 한 나는 그럴 것이다. 너는 언제나 산이고, 산은 여전히 나의 너다.

"내 인생 최전성기에 문득 뒤를 돌아다보니 어두운 숲속에서 길을 잃고 있는 나 자신을 발견했다." 산은 내가 나 자신을 잃어갈 때 가끔 단테의 『신곡』 지옥편에 있는 목소리를 들려준다. 하지만 이어지는 더 중요한 말을 들려준다. "내가 너의 별을 따라가는 한 영광스런 항구에 실패 없이 도달하리라!" 고개를 들고 하늘을 바라보면, 하늘의 별이 되어 빛나는 그 음성들이 반짝반짝 빛난다.

열정과 사랑이 만들어 내는 계절, 자주조희풀

01_ 우이남능선의 나무들, 우기에 들다

슬픔은 우리 몸 어딘가에 통점을 남긴다. 예기치 못했던 슬픔으로 통점은 울고, 울어서 눈물은 존재를 침몰시킨다. 그러한 슬픔은 어디에서 오고, 우리를 다 같이 울게 하는가. 걷잡을 수 없이 거세게 몰려오는 슬픔의 너울을 막기에 나는 지금 너무 작다. 작아서 눈물이 나를 집어삼킨다.

무수無愁골에 깃든 평화와 근심

지금 이 땅 어딘들 슬픔 없는 곳이 있으랴. 평소에는 세상의 근심을 찾아보기 어려운 이 무수골도 예외는 아니다. 누가 죄 없다 할 수 있는가. 사람들의 표정은 어둡고, 몸 둘 바를 몰라 한다. 아프고, 답답하고, 막막하여 도무지 일이 손에 잡히지 않는다. 하지만 우리는 일어서야 한다. 통한의 눈물과 아픔을 뼈에 새기며 산 자는 살아서 산 자의 몫을 해야 한다.

세월호 참사로 바다에 진 꽃다운 넋들을 먼저 추모하며 고개를 숙인다. 또한 나 자신을 포함한 모두에게 용기를 내라고, 부디 용기를 내시라고 눈물 어린 위로를 전한다.

서울에서 아직도 논농사를 짓고 있는 마을이 있다. 우이암에서 자운봉으로 이어진 도봉산의 수려한 산세가 배경이다. 국립공원에 속해 있어 개발의 바람을 용케 피해 간 동네, 바로 무수(無愁)골이다. 낮은 낮대로 조용하고 평화롭다. 밤은 밤대로 고요하고 깊어 어둠다운 어둠이 남아 있다. 개구리 울음소리가 밤마다 와글거리는 무논에서 별들은 빛나고, 소쩍새가 울 때마다 숯가루 같은 어둠이 쏟아져 내린다.

마을은 세종의 열일곱 번째 아들인 영해군의 묘가 조성되면서 유래되었다고 한다. 처음엔 수철동(水鐵洞)이었으나 그 후 세월이 흐르면서 무수동(無愁洞)으로 바뀌었다. 300년 이상 된 역사와 문화를 지켜가고 있는 유서 깊은 자연마을이다. 마을 사이로 자연형 하천인 무수천이 흘러서 도봉천과 만나 중랑천으로 흘러 들어간다.

써레질이 끝나고 모내기를 하고 있는 논에 논물이 가득하다. 연둣빛 사각의 모판이 논마다 한쪽에 부려져 있다. 세상의 근심은 깊은데, 무수골의 물은 어떻게 근심을 버린 것일까. 여린 새 생명을 받아들이기 위한 명경에 이른 저 물의 평정, 고요하고 맑아라. 산도 나무도 제 모습을 비춰보는 시간인데 하늘은 시름에 잠긴 속내를 다 감추지 못하고 있다. 논길을 따라 걷는다. 서울 도봉초등학교 6학년 생태교육장인 '무지개논'둑 길에서 동심으로 돌아간다. 얼마 만에 걸어보는 유년의 길인가. 그때처럼 개울가와 밭둑 여기저기에 애기똥풀이 지천이다. 아무리 싹싹 비벼 빨아도 막내의 하얀 기저귀에 남아서 피던 그 노란 꽃이다.

충노 금동의 묘에서 읽는 의義

신록이 우거진 참나무숲을 걸어서 전주 이씨 영해군파 묘역으로 간다. 입구부터 숲 그늘이 짙다. 서울특별시 유형문화재 제106호다. 세종의 아들 영해군 이당과 그 후손들의 무덤이다. 그중에서도 유독 눈길을 끄는 묘 하나가 있다. 묘역의 맨 아래에 봉분은 작으나 연잎이 조각된 비석이 세워진 무덤이다.

세종의 증손자인 강녕군 기(琦)는 왕손의 전범을 보이며 살았던 분이라고 기록은 전한다. 그 강녕군의 집에 '금동'이라는 노비가 있었다. 연산군이 사랑하는 기생이 강녕군의 집이 마음에 들어 뺏고자 하였다. 기가 금동을 부추겨 첩에게 욕했다고 기생이 연산군에게 일러바쳤다. 노기가 등등해진 연산군은 강녕군과 금동을 가두고 불로 지지는 낙형을 가하였다. 하지만 금동은 '모든 죄는 종에게 있을 뿐 주인님은 아무것도 모른다.'고 하였다. 금동은 결국 형벌을 받아 죽었다. 강녕군 일가는 귀양살이를 떠났다가 중종반정에 의하여 관작이 회복되었다.

절대 왕권의 시대에 노비란 '죽은 목숨을 가진 자'로 여겨졌다. 멸시와 갖은 핍박과 박해를 받으며 사고파는 등 인간으로서의 존엄성은 철저히 무시되며 짓밟혔다. 정조도 그러한 사실을 알고 "하늘이 사람을 낼 때 그럴 이치가 있을 것인가? 가련한 마음은 한이 없다"고 개탄하였다. 그러나 강녕군은 덕을 베풀고 절의를 지키며 산 군자답게 자신의 노비들을 홀대하지 않았다. 금동이는 그런 주인을 끝까지 섬기며 충직했던 것이다.

자신을 위해 목숨을 바친 그 갸륵한 뜻은 헛되지 않았다. 왕손의 묘역에 노비의 묘를 쓰고 정려를 세운 것은 매우 이례적이고, 실로 아름다운 일이라 하지 않을 수 없다. 오늘날 우리 사회에서 문제 되고 있는 갑을관계에서도 시사하는 바가 크다. 또한 노비 금동을 통해서 알 수 있는 또 하나의 중요한 사실은 사람의 제 자리에 관한 것이다. 주어진 환경과 상황에 따라 사람에게는 자신이 마땅히 있어야 할 자리가 있다. 급박한 절체절명의 위기 속에서 자신의 일신만을 도모하여 그 이름을 빛낸 이는 없다. 춘추 시대의 큰 도적인 도척(盜跖)에게도 맨 뒤에 빠져나오는 의(義)라는 도(道)가 있었다. 죽을 자리에서 도망을 쳐 살아난 예는 없다.

필사즉생(必死卽生) 필생즉사(必生卽死). 바다에서 영원으로 나아가는 겁외(劫外)의 길을 발견하고 죽음을 각오하고 서슴없이 죽을 자리로 들어갔던 이가 누구인가. 누란에 처한 나라를 구하고 역사를 빛낸 충무공이야말로 다시 우리가 본받아서 계승하고 오늘에 되살려야 할 의요, 도요, 정신이다. 비록 금동이 노비였으나 그 정신은 노비가 아니었다. 그 의(義)는 입으로만 떠드는 모든 이에게 울리는 뼈아픈 경종이다. 권위주의와 갑을관계로 이어진 현주소 속에서 우리가 바라는 평등 사회, 상쟁이 아닌 상생의 사회는 오지 않는다. 인간은 어느 사회나 어떤 조직체계 속에서도 주인과 머슴의 관계가 아니다. 부리는 자와 모시는 자가 아니다. 사람은 누구나 평등하고 존귀하다. 세상의 꽃들이 그러하듯 만물 또한 모두가 고르다.

우이암의 발원과 원통사의 연등

초여름에 들어선 산빛이 너무 고와서 섧다. 보문능선 끝자락 전망바위에 올라서면 도봉의 아우라와 오봉은 물론 사방팔방이 한눈에 들어온다. 우이암을 바라본다. 오늘따라 바위는 아무리 보아도 큰스님의 모습이다. 동자승을 품에 안은 채 저 멀리 도봉을 보여주고 있다. 아무리 속으로 고개를 흔들어도 세월호에서 구조된 다섯 살 난 여자아이가 왜 자꾸만 떠오르는 것일까. 다른 무엇을 보고 생각해도 마음의 나침판이 저 남녘의 바다를 가리킨다. 우리 모두의 간절한 기도가 하늘에 닿기를.

원통사로 간다. 신라 경문왕 3년에 도선국사가 창건한 대한불교 조계종 직할 전통 사찰이다. 원통보전을 중심으로 매단 연등에서 빛이 눈물처럼 괸다. '원통(圓通)' 절대의 진리는 모든 것에 두루 통한다고 하였다. 그 진리가 애간장이 다 타버린 원통한 사람들에게도 두루 미쳐 절망과 슬픔에 빛이 되기를. 어둑해지며 더 밝은 빛을 발하는 연등들이 원통보전을 중심으로 절 마당을 메우고 소나무와 느티나무에도 걸려 어둠을 사르고 있다.

바람이 분다. 연등 하나가 흔들린다. 연등 둘이 흔들린다. 연등 셋이 흔들린다. 마침내 모든 연등이 흔들린다. 차디찬 맹골수도의 어둠 속에 영원히 잠든 얼굴들이 흔들린다. 용서할 수 없지만 용서하라고 오히려 우리를 도닥인다. 바다도 울고 하늘도 울어서 시작된 이 울음의 우기를 우리는 어떻게 지나야 하는가. 나무들도 함께 서서 비를 맞는데, 우리는 이제 무엇을 해야 하며 어디로 가야 하는가?
하늘이여, 하늘이시여!

원통사

잠시

이렇게 몸 앉히면
마음 이리 고요한 것을
부산하던 생각들은 소리 없이 사라지고
바위를 지키던 소나무는
일주문 되어
내 안에 아무것도 들이지 않는 것을
바람이 솔솔 등을 어루만지면
제 몸에 달았던 솔방울 풍경도
더는 울지 않는 것을
내 지치고 가여운 영혼이 이리도
힘을 얻는 것을
오, 너 가난한 마음아 마음아
아파하지 마라
네가 곧 산이 될 것을
네 마음이 너를 알고 있느니

02_ 삼천사계곡에서 마음의 휴休를 얻다

쉼이 없다면 성과도 보람도 없다. 경쟁과 갈등의 벼랑으로 내모는 위기를 피하고, 내가 어엿이 세상에 당당하기 위해서는 나를 지탱하는 힘과 에너지가 필요하다. 그 힘과 에너지는 일한 후의 쉼에서 얻어진다. 쉬지 못하면 몸도 마음도 피폐해질 뿐이다. 내가 누군가의 쉴 그늘이 될 때 사람은 비로소 품 넓은 한 그루 나무가 된다.

빛도 쉬어가는 투명한 그늘의 집

버스가 은평 뉴타운의 폭포동을 지나 야트막한 고개를 넘는다. 과거에 이 일대는 제각말이라고 불렸던 마을이다. 조선 25대 임금 철종이 조부 은언군(恩彦君)의 묘를 이곳 진관외동으로 이장하고 제각(祭閣)을 세우면서 유래되었다.

삼천사 입구에서 내리는 순간 북한산의 전경이 한눈에 펼쳐진다. 자칫 발목을 접질리기 십상인 풍광이다. 무엇보다도 한적하고 넓다. 숨 쉴 수 있는 공간이 부족한 서울시민들의 답답한 가슴을 단번에 터준다.

'새로 보는 북한산' 오늘의 화문기행 첫 번째 답사지 '숙용심씨묘표'에 이른다. 서울특별시 기념물 제25호다. 숙용 심씨는 세조 즉위에 공을 세운 원종공신 심말동의 딸이다. 성종의 후궁이 되어 두 왕자와 옹주를 낳았다. 묘표는 작은 동산에 세워져 있다. 이수와 비신을 대리석 하나로 만들어 비좌에 세웠다. 뿔이 있는 용을 구름무늬 속에 새긴 이수가 매우 아름답다. 비신은 백색인데 명품의 도자기에서 풍기는 빛깔이 감돌아 은연중에 숙용심씨의 인품이 잘 드러나고 있다. 하지만 이 묘표에는 아픈 곡절이 있다. 흰 대리석의 빼어난 조각미에 반하여 임진왜란 때 강탈당한 것이다. 일본의 '다카하시 고레키요 기념공원'에 안치되었던 것을 후손들의 노력으로 반환되었다고 하니 이 얼마나 기쁘고도 슬픈 일인가. 백운대를 비롯하여 승가봉과 비봉을 함께 조망할 수 있는 이곳에서 우리 모두 역사의 근시안이 되지 않기를.

잠시 '마실길'로 들어선다. 북한산 둘레길 제9구간인 마실길에는 빛도 함께 머물며 쉬어가는 휴(休)가 있다. 수령 100~200년을 훌쩍 넘긴 품 넓은 느티나무 보호수들이 그늘의 집을 지었다. 잠시 이 세상으로 마실을 나온 사람들이 등짐을 벗어놓고 쉬고 있다. 노란 꽃창포처럼 환하게 웃고 있는 사람들, 느티나무 아래는 한 점 어두운 그늘이 없다.

삼천사지마애불의 보물 미소

삼천사로 가는 길은 나무들의 터널이다. 녹음이 무성한 그늘 아래로 손을 잡고 걷는다면 우정도 사랑도 깊어지리라. 임도를 버리고 계곡을 따라 오른다. 지금 가고 있는 이 삼천리골은 일찍부터 서울에서 물이 시원하고 깨끗하기로 명성이 높았다. 일찍 찾아든 더위에 아이들은 멱을 감고 있고, 어른들은 평상의 나무 그늘 아래서 낮잠을 즐기고 있다. 하긴 이 계곡의 물이 보통의 물이랴. 바로 저 위 보물 제657호인 '삼천사지마애여래입상'의 발을 씻기고 온 물이 아닌가. 그 옛적 백월산의 노힐부득과 달달박박은 월용능파(月容凌派)의 여인으로 화현한 관세음보살의 목욕물인 금액에 목욕을 하고 아미타불이 되었다. 무량수불이 되지는 못할망정 어찌 마음의 휴식을 얻지 못하랴.

'삼각산적멸보궁삼천사'를 알리는 작은 고개에 오르면 곧바로 미타교다. 바로 앞으로는 평산봉을 거느리고 범접하기 어려운 기상의 우뚝한 봉우리가 있으니 용출봉이다. 훤칠한 암봉은 용맥을 산 아래까지 뻗쳐 계곡은 티끌 하나 없는 암반이다. 그 위로 옥구슬을 굴리며 흐르는 물이 백 리 밖으로 길을 나서고 있다.

삼천사 경내에 들어선다. 우리나라 최초로 아쇼카왕 석주 사사자상을 탑의 상륜부에 올린 세존진신사리 9층 석탑이 눈길을 끈다. 아쇼카왕은 인도의 마가다국 마우리아 왕조의 왕으로 인도 최초의 통일 대제국을 세우고 불교를 널리 전하였다고 한다. 삼천사의 주지 스님인 성운 스님께서 삼천사의 내력에 대해서도 알기 쉽게 설명해 주신다. 과거 북한산 대홍수 때 세 물줄기가 하나로 되기까지는 삼천(三川)골의 삼천사(三川寺)였다. 김정호의 대동여지도에도 이곳 지명이 삼천사동(三川寺洞)으로 표기되어 있다. 이후 법화사상의 한 핵심을 이루는 우주의 삼천법(三千法)도 모두 일념(一念)에 갖추어져 있다는 일념삼천(一念三千)의 교설을 반영하여 삼천사(三千寺)가 되었다는 말씀이시다.

대웅보전을 오른쪽으로 돌아 오르자 '삼천사지마애여래입상'이 반긴다. 언제 보아도 투명하게 빛나는 저 온화한 미소, 참으로 둥글고 따뜻하고 깊고 중후하고 후덕하다. 선정에 든 삼매의 미소 앞에서 옷깃을 여민다. 지금 우리가 보고 느끼며 받아들이는 것 일체가 모두 말이 아닌 미소다. 개구즉착(開口卽錯)이라 하였으니, 기실 우리가 말로 할 수 있는 것은 별로 없다. 세상의 모든 말들을 아우르고 녹여서 샘물처럼 솟아나는 백미의 미소다. 미욱한 중생의 어둠을 일별하고 비추는 원융무애의 빛이다. 바라볼수록 천년의 간극을 무색하게 만드는 미소 속에서 은근한 바람이 인다. 살랑살랑 우리의 영혼을 어루만지며 마음의 연못 아래 뻗어간 뿌리를 흔들며 연꽃을 피우는 바람이다. 하늘로 오르는 향기는 고운 선이 되어 법의의 물결로 고요히 번진다.

청출어람의 물빛과 폐사지의 비의

삼천사계곡을 따라 오른다. 북한산에는 이름난 계곡이 여럿 있다. 그 중 여름철의 풍부한 수량과 물빛을 생각할 때 가장 먼저 떠오르는 곳이 삼천사계곡이다. 물빛은 푸르다 못해 쪽빛이다. 여기를 보면 비취색이고 저기를 보면 옥빛이다. 탕탕한 계곡물은 담과 소마다 옥구슬을 쏟아 붓는 소리로 종일 귀가 쟁쟁하다.

첫 번째 폭포인 삼천폭포에 이른다. 매끄러운 암반의 와폭은 흐르는 수정의 물로 투명한 선녀의 날개옷을 입었다. 세상의 소란을 씻은 등 굽은 신갈나무는 폭포를 바라보느라 제 바짓단이 젖는 줄도 모르고 있다. 하단을 나와 상단으로 올라간다. 석문 같은 바위틈으로 쏟아지는 세찬 물줄기가 물보라를 일으키며 여름날의 더위를 여지없이 날려버리고 있다.

두 번째 폭포에 이른다. 투구폭포라고도 부르나 극히 소수이고, 삼천사계곡이 갖고 있는 의미의 세계와 부합되지 않는다. '비류폭포'라 이름을 붙인다. 이백이 '망여산폭포(望廬山瀑布)'에서 말한 비류직하삼천척(飛流直下三千尺)은 아니어도 그러한 기상이 엿보인다. 상단에 올라서 보면 이내 그러한 사실을 실감할 수 있다. 의상봉과 용출봉, 용혈봉을 비롯한 빼어난 봉우리들이 화엄으로 펼친 의상능선이 조망된다. 뿐만이 아니다. 저 아래 여래의 미소를 보고 온 탓인지 아무런 속기가 없다. 소요하는 구름을 벗하여 골짝에 걸린 산안개를 끌어다 덮고 바위에 눕는다. 옛 임금이나 사대부의 도상유람이 아닌 발섭고산대천(跋涉高山大川)의 산수유람 끝에 찾은 선경을 즐기는 선인의 와유(臥遊)에 든다. 그러나 단순한 풍경의 여락이 아니다. 도(道)와 진(眞)에 이르고자 하는 정신의 몸짓이다. 아무리 화목(畵目)이 없어도 눈이 번쩍 떠지는 이 백미의 진경산수를 어찌 놓칠 수 있을 것인가.

증취봉 아래 옛 삼천사지로 간다. 석축은 가까스로 영화롭던 옛 절의 기억을 떠받치고 있다. 마음의 움직임은 오래전에 멈추고, 고요조차 잊은 숨결 속에서 '대지국사비'의 귀부만 홀로 남았다. 내력과 비밀을 지키기 위하여 폐언하고 나월봉에 오를 달을 기다리고 있다. 묻어두고 사는 것도 존재를 버티는 힘이라며, 비밀은 감추는 것이 아니라 간직하는 것이라 한다. 아프기보다는 더 깊어지기 위하여, 우리가 이 세계의 내밀한 비의가 되기 위하여.

삼천사지 마애불의 미소

하늘과 땅과 사람의 마음에
흐르는 세 물줄기 있다
천지인天地人이 천년을 기울여
씻고 씻어서 빛나는 삼매의 미소 있다
스스로를 밀고 밀어가며
동심원으로 세상에 번지며
삼천대천의 하늘을 저녁마다
붉게 물들이는 금빛 미소가 있다
어긋났던 몸과 마음이
비로소 하나로 이어져 화해하고
눈물이 단청을 입는 형통의 미소가 있다
문득 잃어버린 미소를 찾고 싶을 때
미타교 건너 대웅보전 꽃살문을 돌아
삼천리를 한 걸음에 찾아가는
그 깊디깊은 골짝의 미소가 있다

삼천사 마애여래입상

03_ 사패산에서 그 특별한 하루 휴가를 보내다

아무리 오래되어도 돌아보면 기억의 영사기에서 투사되어 다시 재현되는 풍경들이 있다. 세상의 풍경은 우리들의 기억에 의해 지속되며 아름다워진다. 그 아름다운 기억의 풍경으로 우리는 바다로 흐르는 도저한 시간의 강물을 이루고, 이 힘든 세상을 건너간다. 추억과 기억의 풍경, 그것은 언제나 여행이 주는 선물이다.

엠티 가던 시절의 추억 속 풍경

마음에 쉼표 하나 찍어야 할 때가 임박했다. 바야흐로 휴가철이다. 어디로 갈까? 원시의 숲을 청아하게 울리는 계곡의 물소리가 그립다. 참나리, 중나리, 하늘말나리, 그 고운 꽃들의 일가와 함께 적요한 하루를 보내고 싶다. 쏟아지는 폭포수에 번잡하고 분주했던 마음을 시원하게 씻어버리고 싶다. 그러한 바람을 모두 충족시켜주는 보물 같은 산이 있다. 서울에서 멀리 떠나지 않고도 하루 휴가와 산행을 겸할 수 있는 비경을 숨긴 숲이 있다. 배낭 하나 달랑 메고, 교외로 가는 버스에 몸을 싣기만 하면 된다. 학창시절 엠티를 떠나듯 그렇게 지금 떠나자.

터미널은 낡고 쇠락하여 번성했던 때의 위세를 찾아보기 힘들다. 그렇지만 오히려 70~80년대의 옛 정취가 그대로 느껴져서 좋다. 과거에는 경기도의 서북부로 가려면 이곳 서부시외버스터미널을 이용해야 했다. 좌석에 앉는다. 애인과 둘이서 몰래 여행을 떠나는 듯 마음이 설렌다. 서울을 벗어나고, 교외의 풍경이 차창에 들어오기 시작한다. 이쯤에서 사이다와 삶은 계란을 슬쩍 옆의 짝꿍에게 건네야 하는 시점이었던가.

버스는 다소곳이 우리를 원각사 정류장에 내려놓는다. 두리번두리번, 그렇지! 저기가 교외선을 타고 와서 내리곤 하던 송추역이다. 일영, 장흥, 송추 이름만 들어도 청춘이 더욱 뜨거워지고 모닥불의 낭만과 통기타 음악이 밤새 강물 되어 흐르던 곳이 아닌가.

개망초꽃과 원각묘심圓覺妙心의 시간

원각사로 가는 입구는 개망초꽃 천지다. 천진난만한 동심들의 말 그대로 '계란꽃'이다. 양식을 구하러 나온 꿀벌이 노란 통꽃에 앉아 꿀을 따고 있다. 사람만 인간의 편의적 입장과 상황에 따라 억지를 부린다. '망초' 그것도 '개'까지 붙였으니 지독한 인간중심주의다. 그렇다고 '꽃 아닌 잡초 없고, 잡초 아닌 풀꽃 없다'는 꽃의 깨달음이 훼손되지는 않는다. 청정한 본심을 잃지 않는 개망초의 '원각묘심'이야말로 모든 벌들이 구하는 보리(菩提)가 아닌가.

원각사로 가는 숲길로 들어선다. 일부 지도에서는 이 원각사계곡이 '어두니골'로 표기되어 있다. 그만큼 울창한 숲이다. 우기를 막 벗어난 청정수가 계곡의 명개를 씻어내듯 남은 어둠을 마저 씻어내고 있다. 숲길은 이어져 북한산 둘레길인 송추마을길에서 산너미길로 가는 갈림길에 이른다. 이쯤에서 잠시 걸음을 멈추고 사패산을 봐야 한다. 사패산은 선조의 여섯째 딸 정희옹주가 유정량에게 시집갈 때 하사한 산이라 하여 붙여진 이름이다. 사패(賜牌)란 임금이 왕족이나 공신에게 산판이나 논밭 따위를 주거나 그 사실을 적은 문서를 말한다. 올려다본 사패산의 바위 봉우리는 거인의 주먹을 닮았다.

길은 한동안 된비알로 이어진다. 폐부 깊이 자리한 텁텁한 숨을 남김없이 뿜어낸다. 숨이 턱에 닿을 때쯤 마침맞게 기다리는 바위가 있다. 바위 옆에는 물푸레나무 한 그루가 서 있고, 불어난 계곡물이 나무의 발등을 넘고 있다. 물푸레나무 그늘에 놓인 평상바위에서 쉬어가지 않을 수 없다. 고요한 수평을 제 무게로 살짝 누르고도 바위는 어느 쪽으로도 기울지 않았다. '평상심이 곧 도'라는 말을 하고 있는 것은 아닐까. 슬픔이건 기쁨이건 우리는 너무 한쪽으로 경도되는 경향이 있다. 변덕과 이분법적 분별이 낳는 그 기울기가 평상심을 무너뜨린다. 이쪽으로도 저쪽으로도 기울어지지 않는 바위가 얻은 마음의 묘리다.

원각사를 지나 원각 제1폭포에 이른다. 가운데 돌출한 커다란 바위 위로 쏟아지는 물줄기가 부챗살로 퍼지며 장관을 이루고 있다. 오른쪽 주 물골을 따라 쏟아지는 폭포수가 일으키는 힘찬 물보라로 한여름 더위가 무색하다. 폭포 앞의 청단풍나무도 추워 입술이 파랗다. 폭포 앞 바위에 앉아 눈을 감는다. 모든 것을 씻기고 모든 것을 지우는 소리 앞에서 나를 잊는다. 세상일을 벗는다.

하단의 폭포를 나와 상단의 제2폭포로 올라간다. 규모는 아래 폭포보다 작지만, 폭포의 위쪽을 반쯤 덮은 바위와 절묘하게 조화를 이룬 균형미가 일품이다. 이 폭포를 제대로 감상하기 위해서는 폭포의 오른쪽 후면으로 물러나야 한다. 숲이 은근히 감춘 후원이라 할 제법 널찍한 빈 공간으로 들어간다. 적당히 주변을 가리고 있는 나무 사이로 폭포의 물줄기가 보인다. 가만히 보면 중나리와 하늘말나리 같은 나리꽃 일가가 먼저 와서 가족 단위의 피서를 즐기고 있다. 여기서는 잠시 돗자리에 누워 물소리를 들어도 좋다. 옆에 있는 사람과 속 깊은 대화를 나누기에도 좋다. 이 좋은 경개에서 무엇을 한들 좋지 않으랴. 제 스스로 절벽에 밑줄을 치는 저 폭포의 한 문장이 이미 내 안에 흐르는 것을.

사패산과 조망바위의 파노라마

사패산 정상에 오른다. 한꺼번에 터지는 드넓은 전망, 전망은 자유롭고 호쾌하며 극적이다. 어디를 보아도 막힘이 없다. 멀리 파주 감악산이 보이고, 양주의 불곡산, 의정부의 천보산이 연이어 들어온다. 오른쪽으로 시선을 돌리면 수락산 불암산의 가경이 펼쳐진다. 도봉산 줄기와 함께 저 멀리 이어진 하늘의 성채 같은 북한산의 진경이 다시 보아도 절창이다.

먼 시선을 안으로 거둬들여 주변을 본다. 바위틈에서 거센 비바람을 견디며 자란 소나무들이 이채롭다. 고산지대의 눈잣나무처럼 옆으로 누웠다. 지나간 바람의 자국이 줄기와 가지에 선명하다. 이제 사패능선에 있는 비밀의 정원인 조망바위로 간다. 바위에 올라가서 보면 전망이 넓고 바위 아래에서 보면 깊다. 한쪽은 햇볕이고 반대쪽은 그늘이다. 바위 그늘 아래 눕는다. 바로 앞의 수락산을 비롯하여 멀리 오봉까지 조망된다. 하늘에는 뭉게구름이 온갖 형상을 만들고 지우기를 반복한다. 바라보고 있노라니 모든 마음의 작용이 그치고 고요한 평정의 상태가 된다. 스르르 눈이 감겨오는데, 골짝 깊은 어느 절의 종이 망망히 운다. 종소리는 저녁놀로 번지며 이제 그만 산을 내려가라 한다. 저 높은 산정에서 발원하는 샘물의 마음으로 산을 내려가라 한다.

사패산에서

사방팔방 전망이 가없는 여기는 미래의 망루 사패산
안골 범골 회룡골 원각사와 송추계곡 이쪽저쪽
세상의 길들이 한 곳에 모이는 모든 길들의 정점
망루에 서면 장쾌한 전망이 한눈에 보인다
고령산 감악산 불곡산 천보산 수락산 불암산 북한산
하늘과 땅과 사람을 오롯이 담은 늠연한 산들이 보인다
그 산들이 보는 높은 안목의 세상이 보인다
이 세상 마지막까지 희망의 보루가 되는 산을 닮은 사람들이 보인다
알록달록 고운 꿈을 차려입은 당찬 희망들이 보인다
보아라! 천길만길 벼랑을 딛고 거침없이 달리는 저 도봉의 준령
청련 백련 황련 보랏빛 자련 칠보의 색깔로
봉우리 봉우리 이제 마-악 꽃봉오리 여는 연꽃과도 같이
아침놀빛 저녁놀빛 찬연한 광휘를 뿜으며
대지의 끝으로 달려가는 기운찬 저 역동의 맥박이 들리지 않는가
지상과 천상의 경계 마루금 그어놓고 아우르며
더도 말고 덜도 말고 풀꽃은 풀꽃같이 나무는 나무같이
바위는 바위같이 제 본디의 성품을 천둥 속에서도 잃지 않듯이
사람은 무릇 착하디착하게 사랑하며 사는 것이
천명임을 말하는 하늘의 목소리 들리지 않는가

한 닷새 몰아치는 장대비 속에서도 꽈다당 꽝꽝 벼락을 때리며
천지를 뒤흔드는 우레 속에서도 끝내 자기를 지키는
저 산들의 고결한 자태가 참으로 미덥고 아름답고 꿋꿋하지 않은가
보면 볼수록 가슴이 쿵쾅거리고 피가 뜨거워지는 것을 어찌 감추랴
하여 오래 서서 바라보던 그대가 흠모의 정이 쌓여 거부할 수 없는
인연의 인력에 이끌려 저 천상의 초대에 기꺼이 응하여 가는
힘찬 모습이 저기 보이나니 오! 아름답도다 거룩하도다
희망차도다 꿈이여 역사여 무궁 무궁한 우리의 미래여

원각 제2폭포

04_ 범골능선에서 우리 역사의 상흔과 미래의 보루를 보다

나무는 심어야 재목이 되고, 역사는 지켜져야 대대로 이어진다. 나를 지키는, 역사를 지키는 우리의 보루는 무엇인가? 교육도 종교도 나라 없이는 소용이 없다. 나라는 모든 것에 우선한다. 이 땅에 새겨진 상처가 그것을 말해준다. 우리끼리의 싸움질 그만하고 진정 싸워야 할 대상을 발견하는 그런 보루가 있다.

호원동 전좌殿座마을과 마을의 수호신목 회화나무

나는 '나' 자신을 부정한 적이 있는가. 초록이 무성한 저 나무들과 같이 나는 몇 번을 더 부정해야 새로운 긍정의 나에 이를 수 있는가. 나무들도 처음부터 나무였던 것은 아니었다. 작은 씨앗이었다. 썩는 부정의 방식으로 씨앗은 씨앗을 벗어났다. 벗어나 한 그루 나무가 되었다. 한 번쯤 철저한 회의와 부정을 거친 후에야 확립되는 것이 우리의 자아다. 나무는 그런 면에서 확고한 자신의 정체성을 갖추었다. 나무는 아무리 많은 숲속의 나무들과 섞여 있어도 더 이상 섞이지 않는다. 자기만의 독특한 개성을 지닌 고유한 나무일 뿐이다. 외부로만 향하기 일쑤인 인간과 다르게 나무들이 일찍부터 자기 자신에게 눈을 돌린 결과다. 수신(修身)하고 치심(治心)하는 나무의 처세와 지혜가 어느 때보다도 절실하다.

회룡사로 가는 도로가에 태조와 태종의 상봉지였음을 알리는 표석이 있다. 서기 1400년 방원과 방간이 세자 자리를 두고 싸운 제2차 왕자의 난이 있었다. 골육상쟁에 넌덜머리가 난 태조는 옥새를 넘겨주지 않은 채 함흥으로 가버렸다. 태종이 여러 차례 차사(差使)를 보냈으나 모두 돌아오지 못하고, 함흥차사란 말까지 생겨나게 되었다. 마음을 움직인 것은 무학 대사의 간청이었다. 태종이 돌아오는 부왕을 영접하러 나와 두 임금이 대좌하게 되었다. 그런 연유로 고을 이름이 전좌(殿座)마을이 되었다. 두 왕의 상봉을 계기로 국운 융성의 기틀이 마련되었다는 사실은 오늘날 우리나라가 처한 국제 정세에 의미하는 바가 크다.

회룡천 다리를 건넌다. 산자락에 선 저 나무들의 고요, 고요가 빛이다. 마을로 접어든다. 도인의 풍모를 닮은 나무 한 그루가 일행을 맞아준다. 보호수로 지정된 수령 450년이 넘은 회화나무로 마을 사람들의 수호신목이다. 시간은 삼라만상 몸을 가진 모든 것들에 흔적을 남긴다. 나무를 가만히 보면 중동이 부러진 것을 알 수 있다. 2010년 내습한 태풍 곤파스의 영향이다. 옛 모습은 아니지만, 절반을 잃고도 의연한 나무의 모습 속에서 우리가 발견하는 것은 생에 대한 희망이다.

회룡폭포의 목소리와 석굴암에 깃든 정신의 새벽

회룡골로 들어선다. 짙어진 신록에 계곡물이 녹수로 흐른다. 회룡사교를 건너 왼쪽의 회룡폭포 쪽으로 간다. 작은 폭포가 먼저 나온다. 단아한 형태의 저 폭포로 계곡은 빼어난 풍광을 얻었다. 곧이어 회룡폭포에 닿는다. 물줄기가 삼단으로 이어져 있다. 폭포는 산이 갖고 있는 다양한 목소리 중의 하나다. 자신의 직접적인 음성이기보다는 하늘의 말을 전할 때가 많다. 세 번을 꺾으며 폭포가 하고 있는 말은 무얼까. 그 말을 듣느라 폭포 절벽의 돌단풍은 자신이 흰 꽃을 피운 것도 까맣게 잊고 있다.

회룡사 절 마당에 든다. 뒤쪽으로 옹골찬 범골능선의 바위들이 운집해 있다. 회룡사의 창건과 관련한 여러 가지 말이 있다. 대체적으로 무학 대사가 태조의 환궁인 '회란용가(回鸞龍駕)'를 기뻐하여 부르게 되었다는 설을 받아들이고 있다. 경내에는 취선당, 설화당, 극락보전, 삼성각, 대웅전, 관세음보살상, 범종각 등이 있다. 대웅전의 불단은 두 마리 용이 돌에 새겨져 있어 절의 내력을 짐작케 한다. 또한 경기도 문화재자료 제117호 석조(石槽)와 제118호 의정부회룡사신중도(議政府回龍寺神衆圖)를 비롯하여 경기도 유형문화재 제186호 오층석탑 등이 있다.

석굴암으로 간다. 절 마당에 올라서는 순간 특이한 구도의 풍경이 이채롭다. 입구에 커다란 두 바위가 있다. 불이문(不二門)이다. 그 사이로 극락전이 보인다. 바위로 가람을 둘러친 저 피안 같은 안쪽의 세계가 궁금하다. 천연의 바위 문을 지나 경내로 들어선다. 오른쪽

돌계단 위에 석굴암이 보인다. 묵중한 돌문이 활짝 열려 있다. 석굴 속에 깃든 흰빛의 고요가 눈처럼 서늘하다. 잠시 가만히 앉아 눈을 감는다. 고요한 평화, 마음은 그렇게 서너 평쯤 되는 고요 속에서 자취 없는 적멸을 보는 것인가. 밖으로 나와 다시 올려다본다.

바위에 '白凡 金九'라 새긴 글씨가 힘차다. 한때 선생께서 일제의 감시망을 피해 은거했던 곳이라 한다. 오로지 나라와 민족만을 생각했던 큰 지도자, 선생은 언제나 우리 민족과 역사에 있어서 깊디깊은 정신의 새벽이다. 그 새벽을 피로 물들인 어처구니없는 비극을 누가 잊을 수 있으랴. "네 소원이 무엇이냐고 하나님이 내게 물으시면 첫째도 독립이요, 둘째도 독립이요, 셋째도 완전한 자주독립이다." 옛 국어 수업 시간에 처음 들었던 선생님의 음성이 아직도 생생하다.

범골능선에서 다시 발견하는 미래와 역사의 보루

산신각 쪽으로 등산로가 나 있다. 원추리, 까치수염, 나리 등 여름 풀꽃들이 싹을 내밀며 줄기를 세우고 있다. 발 도장을 찍어놓은 것 같은 바위에 이른다. 누구인지 모르나 아기 때의 족적을 그대로 닮았다. 쉼터에 도착한다. 제1보루와 제2보루가 함께 조망된다. 반석의 바위가 소나무와 어우러진 특별한 최고의 휴식처다. 절벽 바로 아래로 방금 전 지나온 회룡사와 석굴암이 인접해 있다. 수락산과 불암산으로 흐르는 산 능선이 유려하다. 우리는 우리가 짊어지고 있는 삶의 무게가 버거울 때가 많다. 그럴 때 여기에 오면 그런 무게가 느껴지지 않는다. 지금 막 등에서 벗어놓은 것이 잔뜩 짊어진 욕심이었던가.

범골능선에 선다. 사패산도 갓바위도 여전하다. 길을 우회하여 제2보루에 오른다. 보루는 천연 요새로 이루어져 있다. 삼국시대 고구려가 쌓은 것이다. 한강 유역은 삼국의 명운이 달린 각축장이었다. 백제는 서기 371년 근초고왕이 고구려의 고국원왕을 전사시키고 중국 산둥 지방까지 영토를 넓히며 전성기를 맞는다. 이에 고구려 제19대 광개토대왕은 남하정책을 펼치며 백제의 북쪽 대부분의 성을 함락시키며 아신왕을 사로잡고 영위노객(永爲奴客)으로 복속시킨다. 여차저차 장수왕은 다시 백제의 위례성을 공격하여 개로왕을 붙잡아 참수시킨다. 그 후 백제는 웅진과 사비로 수도를 옮기며 국운이 다하게 된다. 고구려와 백제의 근원은 부여(夫餘)로 서로 다르지 않다. 그러나 신의가 깨지고, 전쟁을 치르며 모두 패망에 이른다. 무엇일까. 우리가 이 보루에서 발견하는 우리 역사의 희망과 미래의 보루는.

바위들을 바라본다. 바위는 그 무엇이 되기 이전에 이미 바위가 되어 있다. 그렇기에 바위는 그 무엇이 될 수 있다. 자기가 되어 있는 '나' 자신이 남에게도 힘이 되고 희망이 된다. 나는 나를 몇 번 더 부정해야 될지 모르지만 나는 여전히 나의 보루이자 세상의 보루여야 한다. 나는 항상 도덕과 양심의 이전에 있어야 하며, 도덕과 양심의 이후에도 있어야 한다. 그것이 '나'다. 자신을 바로 세우는 자기 정립이 없이 나와 세상은 바로 서지 않는다. 보라, 저 의연한 바위 봉우리들, 볼수록 외경심이 일지 않는가. 우리는 그러한 마음만으로도 사람의 도를 지킨다. 능히 세상의 큰길을 가게 된다. 이제 새로운 양식이 필요하다. 그동안 그토록 허덕이며 양식으로 삼은 돈과 명예와 권력이 아닌 새로운 지혜와 도의(道義)가 절실하다. 신의와 도덕과 양심이 살아있는 하나의 우리라는 바위가 더 커져야 한다. 그럴 때 우리는 능히 우리의 안위와 평화와 질서와 규범 등 그 모든 것을 확고히 지킬 수 있지 않을까.

제1보루에 오른다. 저 아래 내려다보이는 반쪽의 바위, 반구암이 나머지 반쪽을 얻을 때 우리는 온전한 하나의 우리가 된다. 가까이 가서 보면 보기 흉하게 얼룩졌던 외세의 낙서들이 겨우 지워졌다는 것을 알게 된다. 저 침묵하는 범골능선의 바위들을 한 번 더 바라본다. 우리의 모든 허물과 잘못을 묵살하지 않는다. 모두 다 포용하고 과오를 스스로 깨달을 때까지 기다려주고 있다. 묵빈대치(默檳對治)의 삼엄한 기운이 범의 눈처럼 매섭다. 언제고 우리를 한순간에 덮칠 수 있다는 듯.

호원동 회화나무

불시에 들이닥친 싹쓸바람이었다
의연히 맞서 싸운 뿌리 깊은 나무는
자신의 절반을 뚝 잘라 내주고야
나머지 반을 지킬 수 있었다
상처는 오래 가고 깊었다
잃어버린 반을 회복하는 것만이
나무가 해야 할 유일한 과업이었다
눈물과 한탄 대신 푸른 정신을 지켜온
나무는 먼저 새순을 내밀기 시작하였다
보라, 휑하니 비었던 저 위쪽의 변화를
하나보다 더 큰 튼실한 아래의
절반이 용틀임하며 밀어 올리는
저 나무의 숙연하고도 가열한 몸짓
새로운 줄기가 세워지고 있다
이미 잃어버린 것은 한 번쯤 꺾어서
버려야 할 아픈 유산이었다며
다시 온전한 하나로 일어서고 있다

도봉산 석굴암

05_ 청담골로 숨어든 여름 청량한 은일의 하루를 보내다

항상 드러나 있으면 눈비를 먼저 맞는다. 그것은 나쁜 것이 아니지만 때로 자신을 힘들게 한다. 또한 다 보여주면 기대감이 사라진다. 패를 다 보여주지 않는 것처럼 적당히 가리며 사는 은근한 재미가 오히려 서로를 오래 가게 만든다. 누군가에게는 그것이 신비로 남는다. 내가 살아가는 날 중에서도 하루 이틀쯤은 그렇게 보물처럼 감추어둘 일이다. 오래 간직하기 위하여.

인왕산 호랑이와 박효자의 전설 깃든 제청말

치열한 만큼 뜨겁다. 몸도 마음도 서서히 지쳐갈 때다. 어디 가까운 곳에 쉬었다 올 좋은 곳은 없을까. 밀리는 차량과 북적대는 인파를 생각하면 엄두가 안 난다. 물 맑고 골 깊은 조용한 계곡에 하루를 보내고 싶다. 시원하게 씻어줄 바람과 폭포가 있으면 더 바랄 것이 없겠다. 잠시 일상을 벗어나 느긋이 고요에 등을 기대봤으면 좋겠다.

한 40여 분 왔을까, 버스가 효자비 앞에 멈춘다. 제청말 입구다. 제사를 지내던 제청(祭廳)이 있었던 데서 유래된 지명이다. 시골의 여느 한적한 마을과 다름이 없다. 홀가분하다. 번잡한 일상에서 가끔은 벗어나야 한다. 그래야 숨 쉬고 산다. 견디고 산다. 효자비를 살펴본다. 전면에 '朝鮮孝子朴公泰星旌閭之碑(조선효자박공태성정려지비)'라고 새겨져 있다. 비문은 증손(曾孫) 윤묵이 썼다고 뒷면에 기록되어 있다. 박윤묵은 송석원시사(松石園詩社)의 동인이었으며 호가 존재(存齋)였다. 시를 잘 지었으며, 글씨로 명성이 자자하여 정조가 규장각을 설치할 때 문서를 필사하는 도필리(刀筆吏)로 선출되었다고 한다. 천성이 온화하고 맑았으며 성품이 곧아서 임금이 무척 그를 아꼈다는 기록이 사실을 뒷받침한다. 조희룡이 지은 「호산외기」에도 "처음부터 그에게 인욕(人慾)이 일어나지 않았다고는 감히 말할 수 없지만, 끝내 천리(天理)로써 이긴 자이다. 그런 까닭에 존재(存齋)는 군자다."라고 소개되어 있다.

'박태성은 아버지가 돌아가시자 이곳에 묘를 썼다. 비가 오나 눈이 오나 하루도 빠짐없이 아버지의 묘소를 찾았다. 그 효성에 감복한 인왕산 호랑이가 그를 태우고 다녔다. 박태성이 세상을 떠나자 그 호랑이도 죽은 채로 그의 무덤에서 발견되어 곁에 묻어주게 되었다.'는 우리에게 잘 알려진 '인왕산 호랑이와 박효자'의 전설이다. 천년 세월에도 마모되지 않는 것이 있다. 만년이 지나도 금문(金文)으로 빛나는 것이 있다. 바로 효(孝)다. 금전적 호혜로만 도리를 다하는 것으로 여기기 쉬운 오늘날의 세태에 진정 우리가 다시 배워야 할 경(經)이다. 잠시 숲속으로 난 길을 따라 오른다. 먼저 박태성의 아버지 박세걸의 묘가 나온다. 상석과 망주석이 있으나 관리되지 않는 묘는 그늘이 짙다. 바로 위쪽 가까운 거리에 박태성의 묘가 있다. 민화 속에 등장하는 것 같은 친근한 호랑이 석상이 반긴다. 호랑이의 민 무덤도 함께 있다. 묘갈에는 "有明朝鮮孝子通德郎密陽朴公泰星字景淑之墓 宜人完山李氏祔左宜人金海金氏祔右"라 새겨져 있다. 의인(宜人)이란 육품 문무관의 아내에게 주어지던 품계다. 마음이 진실되고 순일하면 시대를 초월하여 천지만물이 서로 감응하여 일통하는 것은 아닐까.

청담골에서 효자계곡으로 이어지는 망중한

북한산 둘레길 제11구간인 효자길로 되돌아 나온다. 곧바로 올라가면 우회하는 길이 멀고 능선으로 이어져 청담골로 가기가 어렵게 된다. 더위에도 아랑곳없이 삼삼오오 둘레길을 걷는 사람들의 모습이 활기차다. 이 구간의 상징인 Y자 나무가 길 한가운데서 오가는 사람들의 사랑을 받고 있다.

청담골로 들어선다. 숲이 무성하다. 소나무와 참나무들이 서로 하늘을 다투고 있다. 굴참나무 높은 가지에 꾀꼬리 둥지가 보인다. 꾀꼬리는 여름 철새로 둥지를 지을 때 마른 풀 말고도 사람이 쓰고 버린 비닐이나 끈 등을 이용하기도 한다. 5월에 이 숲에 왔을 터이니 지금쯤 부화기에 접어들었을 것이다. 한 생명을 만드는 숲과 어미 새의 저린 고요가 숙연하다. 다른 새와 달리 꾀꼬리는 새끼를 기르는 동안 새끼들의 배설물을 먹어 치운다. 천적으로부터 보호하기 위한 방편일 수도 있지만, 새끼들을 먹이다 보니 정작 자신은 먹지 못하여 너무 배가 고픈 것이다. 그것을 아는 것일까. 일년생 새끼 꾀꼬리는 이듬해 어미가 집을 지을 때 재료를 구해오기도 하며, 새로 태어난 동생들에게 먹이를 물어다 줌으로써 은혜에 보답하는 새로 알려져 있다. 실제로 학자들에 의하면, 둥지 근처에 접근체가 발생했을 경우 경고음을 내며 무섭게 공격을 해오는 것도 '헬퍼(Helper)'라고 하는 일년생 새들의 행동으로 밝혀졌다. 미물이 하는 행동치고는 너무 영특하지 않은가. 이 효자마을에 어울리는 황금빛 새다.

어느덧 땀은 식고, 한여름 더위가 무색하다. 청담골에 들어서면서부터 일어나는 변화다. 숲은 무성하고, 흐르는 물이 저리 맑고 탕탕하니 그럴 수밖에 없다. 연이어진 담과 폭포로 이어진 은둔의 골짝은 생각보다 깊고 풍광은 아름답다. 계곡은 너른 암반이 펼쳐져 있는가 하면 커다란 바위들이 밀집해 있어서 길은 끊겼다 이어지길 반복한다. 실은 대부분 이 골짝을 잘 모른다. 옛날 같으면 이쯤에서 호랑이가 지켜보고 있을 법한 곳이다.

돌단풍바위를 돌아 난다. 미인을 닮은 와폭이 있다. 바로 옆에는 멋진 소나무 여러 그루가 일가를 이루었다. 가운데 텅 빈 공간을 공동의 마당으로 쓰고 있다. 오늘은 내가 주인이다. 신발을 벗고 앉는다. 물소리가 솔바람 소리와 함께 섞여 흘러간다. 저 멀리 백운대와 숨은벽, 인수봉이 보인다. 오른쪽의 염초봉이 바짝 내려와 슬그머니 탁족을 하고 있다. 내가 여기 있는 줄 아무도 모르리라. 한일하고도 시원한 여름날, 더는 바랄 것이 없다. 내 안에 고요의 청담(靑潭) 하나 들어서는 시간이다. 즐거움이 연잎꿩의다리로 꽃 피고, 원추리 노란 꽃봉오리로 맺힌다.

세상을 널리 아우른 원효봉의 원융무애

쏟아지는 폭포수의 물방울이 주렴으로 걸린 비경의 청담골폭포를 지난다. 큰 유리새의 유리알처럼 맑은 노래가 나뭇잎마다 반짝인다. 근처 어디쯤에선가 둥지가 있을 것이다. 굳이 찾으려 하지 말자. 이제부터는 효자계곡이다. 노송과 반석의 바위와 와폭이 어우러진 경개(景槪)는 세상의 흔한 풍경이 아니다. 약수터를 지나 우회 길을 생략하고 곧바로 가운데 능선으로 올라붙는다. 소나무를 보기 위해서다.

완만하고 둥글게 바위로 세상을 완곡히 밀어낸 탁 트인 곳에 선골(仙骨)의 소나무 한 그루 서 있다. 염초봉과 원효봉을 벗 삼아 노고산을 바라보고 있다. 소나무 아래 평상석까지 있어 앉아 쉬기 안성맞춤이다. 적어도 여기서 이 솔바람이 씻어주지 못하는 것은 없다. 피부로 느끼는 시원함은 모시옷의 느낌이다. 조금 더 있어보라. 마음까지 청량해진다. 바람이 데려가는 것은 사념과 욕심이다. 무욕해져 맑고 선명해진다. 바람이 데려오는 것은 순일 무잡한 바람 그 자체다. 푸른 청담송(靑潭松) 아래서의 납량(納凉), 마음의 평화를 들이는 기쁨이 여름 산빛으로 깊어진다.

북문에 도착한다. 문루는 없고, 초석만 남았다. 이내 원효봉에 닿는다. 북한산의 수려한 경관을 한눈에 조망할 수 있는 탁견을 지닌 봉우리다. 염초봉에서 백운대로 이어진 암릉미와 만경대와 노적봉의 걸출한 장엄미, 의상능선을 펼친 화엄의 능선미는 물론 멀리 도봉산으로 뻗친 산악미가 장관이다. 동장대 아래 고즈넉한 태고사의 침묵은 맑고 깊다. 국녕사 대불의 미소도 보인다. 참으로 둥글고 넓게 세상을 품은 원효봉이다. 한강과 임진강이 교하에서 만나 하나가 되어 바다로 흘러가는 저 유장한 강물은 누구의 걸음이런가.

상운사(祥雲寺)로 간다. 경내에 들어서는 순간 누구나 감탄하지 않을 수가 없다. 빼어난 산세와 적막은 속세의 것이 아니다. 대웅전은 영취봉(靈鷲峯)과 백운대를 배경으로 하고 있다. 마당엔 노적봉이 내려와 있다. 천불전에는 경기도 유형문화재 제190호 '목조아미타삼존불상'이 있다. 삼층석탑 옆에 아이를 못 낳는 사람의 소원을 들어준다는 400년가량 된 향나무가 있다. 불두화 핀 불음각(佛音閣) 앞 바위에 노 보살님이 말없이 앉아 계신다. 보살님의 심처에 향나무의 푸른 구름 불두화의 흰 구름 뭉게뭉게 피는 상운(祥雲)의 시간이다.

긴 돌계단을 내려와 산문을 나선다. "입차문내(入此門內) 막존지해(莫存知解), 이 문을 들어서려거든 알음알이를 내지 마라." 상운동천(祥雲洞天)을 나서는 물이 칠유암(七遊巖)으로 가는 내게 산문에 새긴 말씀을 나직나직 들려주고 있다.

불음佛音

저 희디 흰 불두화 꽃 피우는 묵언이요
사백년 향나무에서 번지는 푸른 향기다
몸 낮춰 알 품는 꾀꼬리 금빛 정적이자
삼층석탑이 듣는 이 산 저 산 숨소리다
꽃에서 꽃으로 옮기는 바람의 걸음이며
산속의 열매가 익어가며 풍기는 향미다
눈물샘의 눈물 물들이는 화엄의 놀이고
뭇별들 밤마다 깨우는 드맑은 종소리요
상운동천 하늘에 선방을 차린 만월이다

불음각

06_ 문사동계곡에서 스승을 찾아 세상의 길을 묻다

물음이 길이다. 물음을 갖고 산다는 것은 그가 아직 고유한 삶을 사는 실존으로 깨어 있다는 증거이다. 자신의 존재를 물을 때 의미는 발견되고 길은 이어진다. 어떻게 한 번도 묻지 않고 인생을 살 수 있는가. 그렇다면 그것은 참으로 두려운 일이다. 그대여 길이 막힐 때 물어볼 스승이 있는가? 나는 산이 스승이다. 하지만 물음에 즉답을 하는 산은 없다. 그 스스로 찾을 때까지 기다리며 걷게 한다.

서울의 별천지 도봉산 제일동천第一洞天

무엇이 우리를 한 걸음 더 나아가게 하는가. 세상이 좀 더 환하게 보이는 궁극의 세계로 들어갈 방편은 무엇인가. 산은 그런 물음에 묵묵할 뿐, 산은 산을 본다. 산 너머 산을 본다. 겹겹이 드리워진 장(障) 밖을 본다. 그런 산은 내게 무엇인가. 산은 오고감이 없다. 성급한 질문에도 서둘러 대답하지 않는다. 늘 침묵으로 말하며 항상 그 자리, 흔들리지 않는 제 자리를 지킬 뿐이다. 그것이 산이다. 우리로 하여금 질문을 통해 길을 찾아가게 만든다.

문사동계곡은 옛 선비들의 드맑은 정신을 만날 수 있는 서울의 별

천지다. 격조 높은 정신이 수려하고도 돌올한 봉우리로 솟은 금강의 세계다. 각석(刻石)마다 새겨진 명구들은 침잠했던 우리들을 뒤흔든다. 빛을 뿜는가 하면 천둥과 벼락이 친다.

제일동천(第一洞天)으로 향한다. 가학루(駕鶴樓)가 먼저 나온다. 치켜올린 처마선이 곧 날아갈 듯 날개를 펼친 학의 모습이다. "대원군이 가학루 현판을 썼다"는 1947년의 중수기록으로 보아 그 시기를 짐작할 수 있다. 아쉬운 것은 현판이다. 임시로 걸어놓은 조악한 것이 동천의 수려함과 의미를 퇴색시키고 있다. 세상의 명필과 높은 안목을 가진 이는 다들 어디로 갔는가.

계곡으로 내려선다. 용주담(舂珠潭)은 유리알처럼 빛나고, 필동암(必東巖)은 폭포와 함께 선경을 빚었다. 곡절이 있더라도 본리(本理)대로 된다는 만절필동(萬折必東)이다. 반면, 임진왜란 이후 숭명배청(崇明排淸)의 시대사상과 모화사상에 기운 사대주의 색채가 짙은 말이기도 하다. 우리의 국운이 크게 성하여 세계의 문화와 희망이 동해로 집중되는 날이 오기를 바랄 뿐이다.

오랜 가뭄 끝에 불어난 계곡물로 폭포 소리가 힘차다. 조금 더 위쪽 제일동천(第一洞天)이라 새긴 바위로 간다. "동중즉선경 동구시도원(洞中卽仙境 洞口是桃源)" 오언절구를 함께 새겼다. '골짝 안은 선경이요, 골짝 어귄 도원일세.' 왼쪽 유려한 서체의 칠언절구 시에서 미풍이 인다. 물 흐르듯 자유로운 석공의 생생한 솜씨가 일품이다. 멋스럽고 격이 높아 오래 즐길 만하다. "연하롱처동문개 지향운산물외벽 만장봉고단굴심 화옹간비자천석(烟霞籠處洞門開 地向雲山物外闢 萬丈峰高丹窟深 化翁慳祕玆泉石), 정축구월 도봉초수(丁丑九月 道峰樵叟)", '안개 노을 자옥한 곳 골짜기가 열리니 구름 산 향한 땅이 물외에 펼쳐지네, 만장봉은 드높고 연단굴은 깊으니 조화옹이 이 물과 돌 아껴 몰래 감추었네.' 도봉의 늙은 나무꾼이라고만 밝혀 동천의 아름다움과 신비성을 증폭시킨다. 잠시 연단굴(鍊丹窟)을 살펴본다. 석굴의 입구는 좁고 안은 넓다. 불로장생의 단약을 만드는 법술(法術)의 장소처럼 비밀스럽다.

비 갠 뒤의 맑은 달과 빛나는 바람 제월광풍霽月光風

물은 어디서 와서 어디로 흘러가는 것일까. 만석대(萬石臺)를 지나며, 한 고조(漢高祖) 유방(劉邦) 때 중연(中涓) 벼슬을 했던 만석군(萬石君) '석분'을 생각한다. 겸손하고 예의가 깍듯하여 황제도 어려워했다고 사기열전은 전한다. 네 아들을 모두 효성이 지극하고 행동이 신실한 신하로 키워낸 인물이다. 거유(巨儒)의 숨결이 서린 각석을 보기 위해 물을 거슬러 오른다. 길에서 보면 발견하기 어려운 위치에 있다.

국립공원 담당자의 안내를 받아 계곡으로 들어선다.

"제월광풍갱별전 료장현송답잔원(霽月光風更別傳 聊將絃誦答潺湲), '개인 달빛 빛난 바람 별도로 전해지니, 거문고로 시 읊으며 물소리에 화답하네.'"

화양노부(華陽老夫) 우암 송시열이 썼다는 각자가 선명하다.

어떤 시간을 지나야 인품과 학문이 그런 도저한 세계에 이르는 것일까. 세상을 후련히 씻기는 장대비가 그치고 맑게 갠 제색(霽色)은 어떤 빛인가. 명개조차 씻긴 옥색의 물빛인가. 자운 백운 따라오는 바람의 색깔인가. 활연대오(豁然大悟) 하고 천하를 비추며 어둠을 포획하는 만월이 만든 금사(金絲)의 그물 빛인가. 각자(刻字)는 자연석 위에 가로로 뉘어 새겨져 있다. 또한 같은 바위 왼쪽에 한수옹(寒水翁) 권상하의 무우대(舞雩臺) 각자도 함께 있다.

우암 선생의 글씨는 빠르면서도 깊고 두텁고 쟁쟁하다. 장대비를 몰아오는 천둥이다. 한수옹의 글씨는 부드럽고 둥글고 유연하다. 맑은 담을 만들며 물이 흘러간 운필이다. 권상하는 우암의 제자다. 사제가 함께 있으니 더 빛나고 아름답다.

우람한 신갈나무를 경계로 왼쪽에 "염락정파 수사진원(濂洛正派 洙泗眞源)" 또 하나의 각석이 있다. '염락의 바른 갈래 수사의 참된 근원'이란 뜻이다. '춘옹서(春翁書)' 각자가 희미하다. 춘옹은 동춘당 송준길의 별호다. 그 역시 정암 선생을 흠모하여 새겼으리라. 염락(濂洛)은 주돈이(周敦頤)와 정호(程顥) 정이(程頤) 형제를 대표하여 부르는 말이다. 이들이 살던 지역이 염계(濂溪)와 낙양(洛陽)이었다. 수사(洙泗)는 공자의 구기(舊基)인 궐리(闕里)가 있던 곳으로 후일 제자들을 가르쳤던 장소다.

이어 고산앙지(高山仰止) 각자에 이른다. 시경의 "고산앙지 경행행지(高山仰止 景行行止)"에서 나온 말이다. 지금의 우리에게 우러를 높은 산처럼 그렇게 바라볼 이가 있는가. 큰길은 함께 간다고 하였다. 파당과 정쟁을 일삼는 오늘날의 세태에 울리는 경종이다.

질문 속에서 스승을 찾는 문사동問師洞의 시간

서원교를 건넌다. 금강암 앞에 '복호동천(伏扂洞天)'이라 새겨진 바위가 있다. 때를 기다리며 학문을 닦았을 당시의 쟁쟁한 선비들이 그려진다. 이 계곡의 다양한 각석들은 2009년 서울시 기념 문화재로 지정되었다. 대부분 정암 선생의 위패를 모셨던 도봉서원에 기인한 것이다. 백사(白沙) 이항복, 월사(月沙) 이정구 등 당대의 명망 높은 문인들의 관련 글이 여러 문헌 속에 남아 있다. 도봉서원은 어필 사액서원이었다. 복원에 들어갔으나 국보급 문화재가 다량 발굴되어 현재는 공사가 중단된 상태다.

구봉사로 향한다. 소나무와 함께 있는 일주문이 검이불루 화이불치(儉而不陋 華而不侈)를 실현했다. 무량수전 마당에 있는 금동약사대불의 미소가 온화하다. 왼손에는 약함을 오른손에는 연꽃을 들고 있다. 가람의 바로 옆 계곡에는 서광폭(西光瀑)까지 폭포가 층층하다. 수많은 사람들이 폭포와 바위와 나무 아래서 휴식을 취하고 있다. 참으로 신통한 일이다. 이 많은 사람들이 몰려 있는데도 누구 하나 다투지 않는다. 무엇일까? 이 평화로운 평정의 세계는.

대덕교를 건너면 정자가 세워졌던 터만 남은 곳에 화락정(和樂亭)이 새겨진 각석이 있다. 산이 주는 무언의 진리, 산에 들어서는 더 이상 다른 여타의 경계에 끌려다니지 않는다. 의식의 혼란이 없는 고요한 산의 세계가 지극한 조화를 이루어 이런 평화로움을 주는 것이 아닐까.

깊이 들어간 곳, '문사동(問師洞)' 각석에 이른다. 간결한 초서체가 암반의 물처럼 깨끗하다. 막힘이 없어 가슴이 시원하다. 이 어지럽고 힘든 시대에 나는 스승이 있는가. 스승을 만나고 사는 일은 더할 나위 없는 복이며 기쁨이다. 거리의 이정표는 많은데 길은 갈수록 복잡하고 세상은 시끄럽다. 작은 물결에도 엎어지기 일쑤다. 내게 스승이 없는 것은 덕이 부족한 소치다. 그러나 다행히 저 만장(萬丈)의 높은 뫼가 내 스승이다. 넘어지고 엎어지며 구렁텅이에 굴렀던 시간 끝에 만난 스승이다. 스승은 내게 겸손하고 또 겸손하라 한다. 걸음을 통해 아만(我慢)을 내려놓으라 한다.

세상은 얼마나 아름답고 고맙고 귀한 인연의 산물인가. 눈물 나는 감사인가. '나'를 '저'로 낮추고 '저'를 '절'로 바꿔 하심에 이른 물이 되라 한다. 고통을 성찰하여 바다에 이르는 물이 되라 한다. "인아산붕처 무위도자고 범유하심자 만복자귀의(人我山崩處 無爲道自高 凡有下心者 萬福自歸依), 남과 나의 산이 무너진 곳에 무위의 도는 스스로 높아지고, 무릇 자기를 낮출 줄 아는 이에게 만복이 저절로 들어오리라." 하심에 이른 물이 야운조사(野雲祖師)의 말씀을 한 번 더 읊조리고 있다.

문사동을 나서는 계곡물을 바라본다. 무진례(無盡禮)로 높은 뫼를 향해 절하고 떠나는 걸음에 서기가 서려 있다. 자공의 물음에 대답한 공자의 말씀처럼 덕(德)이며, 의(義)이며, 도(道)이며, 용(勇)이며, 법(法)이며, 찰(察)이며, 선화(善化)이며, 지(志)임을 아는 물이다. 맑고 투명한 물이 갖고 있는 지혜의 뒷모습이다. 비갠 후의 밝은 달과 빛나는 바람처럼.

용주담폭포

갈래갈래 다섯 갈래다
필동암으로 떨어지는 폭포수
용주담에 진주알 물방울 쏟아 부어
오탁악세伍濁惡世를 씻는다
발끝만 닿아도 씻기는 진흙
폭포소리와 바람에 씻기는 근심
보이지도 않는 탁濁들 탁탁 씻긴다
씻을 것도 없는 늠연한 느티나무
물 그늘에 흰 구름이 와서 논다
아무것도 물들지 않은
청단풍나무 잎마다 햇살이 산다
이 마음 저 마음 갈래갈래
개벽하는 제일동천 폭포
빛의 물줄기 쏟아져 내린다

문사동

제3부

가을, 산이 산을 듣는다

– 사유와 사색으로 마음이 물드는 단청의 계절

사유와 사색으로 마음이 물드는 단청의 계절

바람은 항상 출구를 생각한다. 그 출구를 찾은 바람은 지금까지 한 번도 길을 잃은 적이 없다. 왜 그런 것일까? 자유롭기 때문이다. 바람은 이때껏 모든 길들을 지나왔기 때문에 가야 할 길을 알고 있다. 우리는 바람으로 자라고, 바람으로 쉬며, 바람으로 존재를 알다가도 바람으로 무너지고, 바람으로 모든 것을 잃기도 한다. 그것은 자유로운 바람을 자유롭지 못한 인간이 바람을 잘못 대하기 때문이다.

그렇다면 바람은 어디서 오는 것일까. 우리는 모두가 숨을 쉬고 있는 존재로 살아 있는 동안은 끊임없이 바람을 만들어 낸다. 숨은 생명이요, 바람은 곧 그 숨에서 온다. 그가 살아서 꿈꾸는 만큼의 온도와 세기로 바람을 만든다. 작은 꽃다지 하나도 자신의 노란 바람으로 흔들리고, 배추흰나비는 자신의 내부에서 이는 하얀 바람으로 너울너울 바람을 타고 난다. 단풍나무 씨앗 또한 프로펠러를 만들어 비행에 나선다. 지구는 이 순간도 우리가 모르는 바람을 만들어내고 있다. 바람은 그렇게 모든 존재하는 것들의 내부에서 온다.

바람이란 무엇인가. 그것은 출구를 찾는 내부의 욕망이다. 욕망은 그 크기와 방향을 가늠하기 어려워서 제때 제어하지 않으면 걷잡을 수 없는 것이 되어 이성의 통제권을 벗어난다. 그러나 믿고 싶지 않지만 우리의 이성은 때로 종이 한 장의 두께보다도 그 믿음이 얇을 때가 많다.

니체에 의하면 '관능의 정신화'가 사랑이다. 정신은 차력사의 칼과 같이 둘둘 말은 신문지 뭉치를 단박에 자르고 큰 나무를 동강 내기도 하지만 비육우처럼 겹겹이 층을 이룬 지방화 된 살은 칼을 거부하기도 한다. 그렇다고 우리의 감각을 환관으로 만들 수는 없다. 무조건적인 욕망의 거세와 절제는 인간의 삶을 무미건조하게 만들어 무기력한 삶을 살도록 강요하는 결과가 되어 그를 공황의 상태로 몰아갈 수도 있기 때문이다. 첩약에 극미량의 독을 섞듯, 대장장이가 쇠를 달구어 휘고 펴듯이 그것을 자유롭게 적절히 다룰 줄 알아야 한다. 감정과 욕망은 우리의 삶과 사랑에 적대적인 것이 아니라 우호적인 것으로 우리가 그것을 다루는 방식에 따라 흙덩이가 되거나 쇠뭉치가 되기도 한다. 걸음은 바로 그 욕망과 욕망에 대한 집착을 어떻게 다루는가를 생각하는 자기 모색이자 탐색이다.

산에 들면 모든 감각들로부터 욕망이 차츰 멀어진다. 일단 산에 든 자는 건강하다. 걸을수록 고요해지고 깊어지며 자기 자신과 그만큼 가까워진다. 골짜기와 능선을 지나고 봉우리를 넘어 마침내 저 아득한 또 다른 산의 능선 너머로 욕망이 사라지게 만드는 방편의 도구로 삼는 걸음은 정중동(靜中動)이요, 동중정(動中靜)이며 그 모체는 지구다. 지금, 이 순간도 지구는 아주 빠른 속도로 돌(動)고 있지만, 그 자체는 한없이 고요(靜)하여 움직임을 감지하기가 어렵다.

이렇듯 정은 동에서 나오고, 동은 정에서 나온다. 그렇기에 정은 동이요, 동은 정이다. 정과 동은 하나다. 따라서 정에 설 수 있으면 동에도 설 수 있으며, 동에도 고요하면 정에도 고요할 수 있다. 정을 얻으면 동도 얻을 수 있고, 동을 이루면 정도 이룰 수 있다. 서로 반대되는 양극을 넘어설 수 없으면, 양극의 한 극단으로 떨어지고 만다. 이와 같이 정과 동을 서로 다른 것으로 보지 않고, 하나로 보는 눈을 갖고 걸을 때 지혜는 비로소 시력을 얻어 세상을 보게 된다.

우리가 세상을 보는 것은 전적으로 지혜의 눈이 갖고 있는 그 시력에 달려있다. 그러나 나는 눈이 좋지도 못하고, 더군다나 왼쪽의 정과 오른쪽 동의 시력이 심한 차이를 보이는 짝눈인 데다가 난시의 경향까지 있어 제대로 방향을 가늠하지 못하고 앞을 보지 못한다. 그렇기에 나는 바깥을 곁눈질하는 감각의 뿌리들을 끊어버리고 오로지 안을 향하여 구부리고 오므리며 비틀어 틈새를 비집는 화분 속의 뿌리처럼 바닥에 난 구멍을 통해 땅속으로 파고들 때까지 나를 때때로 목 없는 석불처럼 붙들어 앉히고 내 안의 어둠과 대면하지 않으면 안 된다. 또한 그 이후로도 내게 집요하게 달려드는 마음속 사념의 모기와 갖가지 잡념의 날벌레들을 쫓지 않고는 결코 고요해질 수가 없다.

산의 고요는 비움에서 온다. 비워져 있어서 어느 한쪽으로 경도되지 않는다. 그 자신은 명쾌하나 우리는 너무 쉽게 자신의 주관적인 생각으로 판단을 내림으로써 산에서 종종 길을 잃는다. 산이 제시하는 수많은 묵시적인 의미들과 다양한 말들을 지나침으로써 어느 것도 정확하게 짚어내지 못하는 결과이기도 하다. 산은 분명 온갖 종류의 나무들과 바위와 봉우리들로 존재하지만, 그 개개의 것들은 본질적으로는 모두 텅 빈 무(無)의 것들이다. 어느 순간 감각이 없어지고, 어느덧 내 안으로 흘러드는 물과 흘러나가는 수량이 같아지면서 정을 동으로 동을 정으로 변환시킨 내면의 작은 연못이 맑고 커다란 호수로 때로는 일부나마 청명한 바다로 바뀌며 비로소 시야가 트인다. 산은 그렇게 그 자신이 비어 있어서 충만하다. 이쯤에서 우리는 산을 보는 것이 아니라 들어야 한다.

등산이 오늘날 현대인들의 건강을 위한 보편적 레저 활동의 하나라는 인식이 확산됨으로써 많은 사람들이 너나없이 몰려들어 일 년 내내 산이 시끄러워도 산이 고요한 것은 자신의 내부에서 이끌어내는 정(靜)과 적(寂), 그 고요함으로 소란함을 물리치기 때문이다. 소란함의 물림이 바로 사유의 시작이요, 명상의 출발이다. 산의 고요는 곧 내적 수양의 상징이며, 깨어있는 정신의 드러냄이다. 산이 높고 깊은 것은 우리 인간이 끊어내지 못하는 집착과 돌팔매를 하듯 멀리 던져버리지 못하는 이기적 욕망과 사적인 목적이 없기 때문이다.

산은 그렇게 정에서 나와서 동으로 움직이고 다시 정으로 돌아간다. 산이 늘 시끄러운 인간을 받아주면서도 한 번도 그 자신이 시끄러움에 빠져들지 않는 이치다. 산은 또한 인간처럼 부산하게 끌려다니지 않는다. 사유하고 명상하는 것들은 절대로 어느 것에도 끌려다니지 않는다. 그 스스로 영역을 확장시켜나갈 뿐이다. 인간은 애써 산이 확장한 그 부분들을 너무도 쉽게 말이라는 삽과 소음이라는 굴

착기를 이용하여 간단히 파내서 없애버린다.

우리가 느끼는 마음의 평화, 흔들리지 않는 고요의 등불은 기쁨과 슬픔, 행복과 불행, 사랑과 증오 등과 같은 이분법과 감정의 한 단편적 편견과 집착에서 벗어날 수 있을 때, 즉 자신의 내부에서 발생 되는 바람이 멎을 때 비로소 꺼지지 않는다. 인간의 행복은 자기의 바깥에서 구하는 어느 것으로도 채워지지 않는다. 설령 그러한 것으로 행복을 얻었다 하더라도 그것은 아주 얇은 얼음장 위에 앉아 제 몸을 맡기고 있는 것과 다르지 않다. 그것은 언제 꺼질지 모르는 극도로 불안한 아슬아슬한 위기다. 고요는 따뜻한 감성과 더불어 이성과 지성으로 피어나는 등불이다. 이성과 지성이 감각이 추구하는 욕망에 대한 제어력이 남김없이 미칠 때 비로소 의지라고 하는 심지가 마음속에 내려져 사유의 기름을 빨아올려 환한 불꽃을 피우게 된다. 산은 지금까지 인간의 양극 사이에서 한쪽으로 기울어진 적도 편을 든 적도 없다. 언제나 정과 동 사이에서 우리에게 길을 제시할 뿐이다. 인간의 욕망은 이 세상에서 필요한 것들을 만들어 사용하라고 내준 망치나 맷돌과 같은 여러 가지 도구들을 집착의 손에 쥐여 주고 자기의 바깥으로 내몰아 무기 삼아 휘두르며 흉기로 삼을 때가 많다. 이성은 그때 망치의 자루와 맷돌을 돌리는데 필요한 어처구니를 빼 버려야 한다. 지성 또한 욕망으로 하여금 배회하던 바깥의 세상에서 안으로 돌아오게 만들어야 한다.

산은 인류가 출현하던 새벽부터 필요한 것들을 우리에게 제공해 왔다. 그렇지만 산은 그러한 사실조차 거론한 적이 없으며 기억조차 갖고 있지 않다. 산은 한 발자국도 자신의 바깥으로 나가지 않기 때문이다. 늘 안쪽의 세계에 머물러 있다. 여기서의 안쪽이란 인간이 자기를 응시할 수 있는 부분부터 시작되는 신의 내면을 말한다. 집착과 욕망이 내 안에 있을 때는 그것들을 밖으로 집어 던질 수 있는 기회와 가능성이 있지만, '나'라고 하는 존재가 아예 집착과 욕망 그 자체라면 자기 스스로 자신을 내던질 바깥이 존재하지 않기 때문에 다른 바깥의 도움을 받지 않고는 결코 그것들로부터 해방될 수가 없다.

누가 인간에게 구원의 손을 내밀 수 있는가. 신의 종이 되어 신을 섬기듯 자신의 선한 지성을 섬기는 사람은 별도의 보상을 바라지 않는다. 그 자체가 보상이기 때문이며 스스로에게서 신을 발견한다. 인간의 생각 속에는 그것이 어떤 방향으로 작용하든 힘이 있고, 사유 속에는 길이 있으며 명상은 바로 그 길을 비추는 빛이다. 우리가 잠깐이라도 모든 감각의 신경을 끊어버리고 명상에 들어보면 이 세상에 존재하는 모든 것들은 사라지는 것이 아니라 그것들이 온 근원으로 돌아간다는 것을 알게 된다.

내 방식으로 다시 말하자면, 명상이란 렌즈에 빛을 모으는, 신에게 집중하는 마음의 독립된 상태를 의미한다. 나는 종종 읽거나 쓰거나 걷는 일이 모두 나의 자성이 만들어 내는 가장 근원적인 행위임이 느껴진다. 행위 없이는 어떠한 결과도 주어지지 않는다. 그 선한 행위야말로 자신을 정화시키고 맑고 높은 도덕적 선을 쌓는 일이며, 그 선의 논밭에서 수확되는 농작물로 스스로의 몸과 정신을 섬기고, 그 섬김은 단순한 제 몸의 호의호식이 아니라 자신이 섬겨야 할 그 대상에 대한 공물로 자기를 바치기 위한 또 다른 행위이다.

우파니샤드의 기도문 중에 "타마소마 지요 티르가마야" -나를 어둠에서 빛으로 이끄소서!- 라는 구절이 있다. 여기서의 어둠이란 무엇을 말하는 것인가. '기타'에 의하면 어둠은 인간의 성질을 이루고 있는 세 가지 구나(guna) -삿트바, 라자스, 타마스- 중에서 '타마스'를 말하는 것으로 그것은 모든 욕망에 대한 집착을 뜻한다. 집착은 결코 여명이 없는 어둠이다. 모든 존재의 태를 아무리 뚫어지게 바라보아도 안개 속에 든 물체처럼 그 윤곽만 어쩌다 흐릿하게 보일 뿐 실체의 모습이 선명히 드러나지 않는다. 이미 무지에 갇혀 있는 눈으로 무엇을 볼 수 있단 말인가. 그러나 곰곰이 생각해보면, 칠흑 같은 어둠 속 산에서의 하룻밤이 있었다면 사라지는 것들 속에서 빛과 같이 사라지지 않는 것들이 있다는 것을 경험하게 될 것이다. 어둠의 바다를 헤엄치고 다니는 오징어를 나는 생각한다. 누가 저 바다의 깊은 심해를 자맥질하며 제 눈에 쉴 새 없이 흘러드는 소금물을 걸러 농축시킨 어둠을 제 몸에 지니는가. 대명천지 밝은 날 손가락으로 툭 건드려 보는 호기심에 어김없이 먹빛 어둠을 쏘아대는 오징어는 '타마스'가 아닌 빛의 '삿트바'이다.

우리의 마음과 이 세상에 존재하는 것들은 호수와 크게 다르지 않다. 호수는 움직이지 않는다. 그러나 호수는 끊임없이 물결을 만들어 낸다. 물결은 밖에서 이는 것이 아니라 언제나 안에서 일어난다. 우리의 마음이 욕망에 붙들려 휘둘리는 한 파랑은 그치지 않는다. 지금 고요히 나비에게 젖을 물리고 있는 저 각시취도 바깥의 바람으로 여름 내내 흔들린 것이 아니라 자기 내부에서 만들어지는 바람으로 위태롭게 흔들려왔으나 비상구를 찾는 바람에게 자신을 내어주고 저런 고요에 든 것이다.

모든 열정은 생을 지탱하게 하는 에너지가 되지만 삶을 뿌리째 흔드는 바람이 되기도 한다. 외부의 것에만 영향을 받고 존재가 좌우된다면 그것이 무슨 의미를 갖겠는가. 자기의 이성이 판단하고 결정을 내린 후에 불어오는 바람에 맞서 흔들리고 꺾이며 상처를 받고, 그 상처를 치유하는 것이 진정한 성장이 아닌가.

자기의 내부에서 만들어지는 욕망들을 우리가 단번에 뿌리째 근절시킬 수는 없는 일이다. 논과 밭에서는 항상 우리에게 필요한 씨앗들만 발아하는 것은 아니다. 뽑아내야 할 잡초가 함께 자라고, 그런 까닭으로 우리의 분별력이 길러지며 시력과 근력이 유지된다. 그것이 자연이다. 우리가 욕망이라고 하는 그것들을 어떻게 대하는가의 방식에 따라 우리의 삶이 달라진다는 것을 다시 생각하지 않을 수가 없다.

모든 존재하는 것들은 신체적으로든 정신적으로든 걸음을 걷는다. 걸음은 그 자체를 통해서 의미가 얻어지기보다는 걸음을 통하여 걸어오는 과정에 의해서 즉, 걸음이 치르는 것들에 의해서 존재로서의 그 의미가 구현되고 획득된다. 수많은 세월과 시간의 보폭 속에서 비로소 존재는 자신을 지각하며 현재의 그 위치에 이르게 되는 것이다.

열정과 사랑을 지나온 여름은 가을에 접어들어 반드시 그 열매를 맺는다. 갈망이 욕망과 더불어 탐욕과 집착을 벗어놓지 못했다면 우리가 먹을 수 있는 열매가 아니라 누구도 거두지 않는 독과를 맺는 나무로 자라게 된다. 그렇기에 행위에 대한 열매를 바라지 않고 이루어지는 자연적인 열정과 사랑만이 영혼을 맑게 할 참된 양식으로 수확되어진다. 그것은 또한 우리의 마음이 담백해야 한다는 것을 의미한다. 담백하다는 것은 한 마디로 속임수가 없다는 것이다.

존재란 있는 그대로를 유지할 때 비로소 실재하게 된다. 실재란 더하지도 빼지도 않은 자연의 상태를 말하는 것으로 순수성이란 바로 그것이 무엇이든지 간에 그와 같은 가감이 아니라 마음이 만들어내는 본래의 모습을 지켜가며 유지할 때 드러나는 것이다. 모름지기 우리의 지성이 그러해야 한다. 지성이 진리에 부합되지 않으면 간교한 술수가 정의를 왜곡하고 위선이 갖가지 장식으로 우리의 눈을 어지럽게 만들며 도덕과 선의 끊임없는 변체를 만들어 낸다. 마침내 우리는 혼란에 빠지고 시시비비가 우리의 에너지를 소모시키며 영적인 고갈을 불러온다. 산이 하루도 빠짐없이 사유하고 명상하는 것은 깨어 있는 각성의 삶을 우리에게 가르치며 집착은 그것이 누구의 경우에도 자신의 다르마가 욕망에게 저당 잡혀 종처럼 예속되게 한다는 것을 보여주기 위한 배려다.

가을 산의 단풍은 사색의 결과물이다. 가장 깊은 곳에서 길어 올린 생각이 색으로 나타나는 나무들을 가만히 관찰해보면 같은 수종의 나무에서도 똑같은 색깔을 찾아볼 수가 없다. 나뭇잎이 서로 같지 않듯이 그들 모두가 고유한 것을 의미하며, 어느 경우에도 남을 흉내 내어 다른 색으로 물들지 않는 제 모습과 색깔을 보여주는 것은 그들 각자가 남의 다르마를 좇지 않고 자신의 다르마를 실천해 왔기 때문이다. 그러나 욕망에 대한 집착은 우리의 다르마를 종처럼 예속되게 한다.

산은 사시사철 그러한 사실을 보여준다. 활엽수의 낙엽이 그 몸을 떠나지만, 다르마를 떠나는 것은 아니며 침엽수의 상록 이파리가 몸을 떠나지 않으면서도 집착으로부터 자유로워지는 것을 보여준다. 나무가 맺는 그 열매의 크고 작음은 우리가 함부로 속단할 것이 못된다. 열매는 크기에 의해 가치를 드러내는 것이 아니라 그 본질로써 서로를 비교할 수 없는 고유한 개별적 가치가 따로 있기 때문이다.

양파를 하나의 예로 들어보자. 양파는 겹겹의 껍질로 이루어져 있다. 그 껍질이 감싸고 있는 것이 무엇일까. 알맹이가 없다면 껍질도 없다. 껍질이 감싸고 있는 것이 없어 보이지만 분명히 있는 것, 그것이 양파다. 우리의 명상은 여기서부터 출발한다.

우리는 외면적으로는 몸으로 드러난 존재다. 몸 역시 하나의 물(物)이다. 물질에 사로잡힌 우리의 생각이 만들어낸 환상을 걷어내야 한다. 이미 앞에서 짚어보았듯이 무지는 곧 어둠이며 어둠은 지혜로 하여 물러난다. 그 지혜를 얻는 방편의 하나가 끊임없는 내적 성찰의 한 방편인 명상인 것이다. 온갖 그을음으로 까맣게 된 램프를 닦아 본래 면목의 '아트만'이라는 등불로 스스로의 어둠을 밝혀 무명을 벗어나는 일이다.

명상은 그와 같이 외부가 아닌 자신 안에 있는 신을 대면하는 일이다. 그 행위는 자체로써 의미가 획득되는 것이 아니라 그 안에 내포된 자아의 진정성이 투명하고 참된 것일 때 비로소 빛을 발한다. 손님을 맞는 최소한의 예의가 정갈한 물 한 잔에 담겨 있듯이 그렇게나 자신을 신에게 내놓아야 한다. 그렇지 않다면 옷자락이 나뭇등걸에 걸리거나 바짓가랑이가 걸려 넘어질 수도 있듯이 신에게는 고사하고 산에 한 걸음 들기도 전에 자빠지게 되리라.

그러할진대 산에서 누가 야단법석을 떨어야 하겠는가. 삼라만상을 고요히 물들이는 단풍의 만다라에 자신을 물들이지 못하고 끝까지 시끄럽고 어리석은 존재가 되어 자기 소란에 빠지려 하는가. 저 깊고 푸른 소(沼)에 몸을 담근 단풍잎 하나가 천지의 소음을 봉한 사색을 보라. 그의 사색으로 재갈을 물린 가을날의 고요가 깊어지지 않는가. 세상에서 그 스스로 구하여 얻은 것이 아니면 영원히 얻을 수 없음을 알기에 모든 소음의 잎자루를 떼어버리고 저토록 황홀히 저무는 생의 계절을 정적에 염해두고 외부 감각의 허위로부터 일체의 신경을 끊어버림으로써 물과 함께 자유를 얻고 있지 않은가.

저 붉은 단풍잎을 다시 가만히 보라. 자신의 내부에 들끓고 있던 시끄러운 욕망의 불꽃들을 명상이 길어 올린 한 두레박의 찬물로 껐으나 버둥대다 스러지는 저 불의 흔적들을. 또한 불은 존재를 소멸시키기 위해 있는 것이 아니라 새로운 것을 만들어내는 생성의 역할로 우리의 내부에서 우리 자신에게 온 것임을 보여주고 있다.

우리의 세상을 보는 인식이 이와 같을 때 어떠한 물질로부터 끊어내기 어려운 집착의 사슬을 뚝 끊어버리고 사고의 해방을 통해서 마음의 진정한 자유를 얻을 수 있지 않겠는가. 어느 한 곳도 빼놓지 않고 자신의 내적 마그마로 온 산을 태우는 산과 같이 우리는 이따금씩 자기 스스로 모습을 감춘 화전민이 되어 어떠한 한 점의 의혹도 남김없이 의식의 밭에 불을 질러야 할 필요가 있다.

우리는 늘 현실이라는 다리 위에 있다. 과거로 회귀하든 미래로 향하든 우리는 한시도 이 다리를 벗어날 수가 없다. 다리는 어딘가로 건너가기 위하여 우리가 피할 수 없는 것이다. 다리를 떠나서는 어떠한 곳으로도 갈 수 없다는 것, 그것이 우리의 운명이다. 영원에 이르기 위해서는 우리는 영원하지 않은 것들을 딛고 가야 한다. 우리가 그것들을 딛는 순간 그것들은 모두 물속으로 사라지는 시간의 징검돌이 되고 만다. 한 번 딛고 지나간 것은 다시 또 징검돌이 되지 못한다. 그러나 우리는 변화에 대한 싫증과 두려움으로 일상을 반복하려는 습관에 의하여 스스로 길들여지고 타성에 젖는다.

현실을 사는 것은 누구에게나 피할 수 없는 운명이지만 우리가 현실을 사는 어려움이 바로 그 똑같은 것들을 징검돌로 삼고자 했을 때 나타나는 다리라고 하는 현실의 연장, 그 길이의 무한 연장으로 늘어나 버린다는 사실에 있다. 마치 오래도록 달렸으나 한 걸음도 옮기지 못한 러닝머신 위에 있는 것과 같이 아무 데로도 건너가지 못하고 걸을수록 동시에 자꾸만 길어지는 다리 위에서 제자리걸음을 하는 것이다. 그 자신은 지금 열심히 걸으면서 자신의 목적지에 잘 가고 있다는 착각과 함께 말이다. 제자리걸음을 벗어나는 방법은 산이 그러하듯 집착에서 벗어나 사유와 명상으로 내면적 자기 응시를 지속해 나가는 것이다. 나는 지금 어떤 징검돌을 딛고 어디로 가고자 하는 것인가.

세상의 모든 다양한 물질들과 복잡한 현상들은 모두 단일한 것에서 비롯된다. 그 원리가 무엇이든지 간에 체계적인 시스템을 잃는 순간부터 혼란이 일고 카오스에 빠지게 된다. 단일성은 언제나 진리를 꿰뚫는 빛이다. 가장 작은 것 속에 들어 있는 가장 큰 위대함이다. 우리가 보는 복잡한 것들은 현상학적으로 서로 다르게 보인다. 다시 말하면 그 자체가 다른 것이 아니라 우리가 다르게 보고 있는 것뿐이다.

존재하는 이 세상의 모든 것들은 어느 것도 근본적으로는 다르지 않다. 본질 그 자체가 다 일유(一有)한 것이 아닌가. 이 산 저 산이 모두 다 다르지만, 산이라고 하는 것에서 어느 하나라도 벗어난 것이 없다. 벽돌은 하나의 완전한 벽돌이 될 때 그 틀을 벗어난다.

어떤 대상에 대한 이해는 논리의 틀에서 지식의 물을 흡수하여 그 본질에 닿을 때 하나의 지혜로써 얻어지며 그만의 독특한 이미지로 자리 잡는다. 문제는 그 논리의 틀이 진리의 입장에서 보았을 때는 극히 제한되고 한정적인 모양의 자기 복제를 반복하는 모순에 빠져 있을 때가 많다는 것이다. 그것을 극복하고 심화시키는 방법의 하나로 우리는 끊임없이 사색하고 명상을 통해서 논리로 설명될 수 없는 인간 삶의 근원적 진리의 실체에 접근해 왔다. 사색과 명상은 밖으로만 내달리려는 감각들을 마음의 손에 고삐를 쥐여 주는 일이다. 마음의 진정한 평온을 이루지 못한 상태에서는 아무리 좋은 수레라 하여도 거친 자갈길을 달려가는 가는 것과 다를 바가 없다.

산은 한 번도 평온을 잃은 적이 없다. 천둥과 번개가 후려치나 드넓은 호수에 빗방울 하나 떨어진 것처럼 흔들리지 않는다. 그 스스로가 마음먹고 뜻한 바가 아니면 외부적 환경은 산을 흔들지 못한다. 마그마에 의한 지각의 변동과 화산활동 등은 대륙과 산이 먼저 실행한 것이지 외부의 어떤 강압적인 영향에 의해서가 아니다.

산은 모든 틀의 근원이요, 틀을 벗어난 완벽한 논리 그 자체다. 모든 지혜의 활동을 끝낸 미동도 없는 진리다. 우리가 진리 속에서 진리를 구하려 하지 않는다면 숲에 들어서도 나무를 구하지 못하는 것과 다를 바 없다. 이처럼 다양성은 단일성에서 비롯된다. 세상의 복잡하고도 미묘한 다양성에 대한, 진리에 대한 단일성의 시각과 자각을 얻지 못한다면 그가 지닌 투명한 지혜도 실에 구슬을 꿰지 못한다.

빛과 어둠의 경우에도 빛은 어둠에 대하여 한결같은 시각을 가지고 있다. 설령 어둠이 다양한 형태로 그 모습을 감추고 있어도 빛은 그 존재가 사라질 때까지 어둠에 대하여 빛으로서의 길을 변형시키거나 포기하지 않으며 끝까지 존재의 어둠을 찾는 깊은 성찰과 입체적 통찰로 그 스스로 어둠에 빠지지 않는다.

산이 매 순간 계절과 관계없이 빛으로 충만한 것도 그 때문이다. 세상의 어둠을 그처럼 명료하게 실루엣으로 나타나는 이미지가 또 무엇이 있는가. 두려움과 공포에 잔뜩 겁을 집어먹고 웅크린 채 잡고 있는 의식의 문고리를 놓고 문을 활짝 열어야 한다. 한 발 디딘 어둠은 어둠으로 더욱더 어두워지는 것이 아니라 빛이 번지며 어둠이 희석되는 것을 경험하게 될 것이다. 참으로 흔들림 없는 거대한 존재, 산의 모습을 실루엣으로나마 그 실체를 마침내 확인하게 될 것이다.

오늘날 현대인의 삶에는 계절적 변화에도 불구하고 사계가 존재하지 않는다. 인간의 편의와 건강을 위하여 등장한 온실과 비닐하우스 등이 오랫동안 자리 잡은 이후로 요즈음의 성장기 아이들에게는 제철에 나는 채소와 과일을 구분하는 것이 여간 어려운 일이 아니다. 조금 더 생각해보면 우리의 일상에서 나타나고 있는 이러한 현상들을 보면 사람의 사계가 사라져가고 있음을 알 수 있다.

지구 온난화 현상은 우리 인간의 외부적 환경의 문제가 아니라 인간의 심각한 내면적 현상임을 어렵지 않게 파악할 수가 있다. 한마디로 말하여 우리의 정신과 이성에 추위가 없다. 더위 또한 없다. 조금이라도 추우면 어떻게 해서라도 그 한기를 막고, 더우면 즉시 틀어대는 에어컨 등으로 혹한과 혹서가 사라져가고 있다. 추위를 모르면 더위도 모르고, 더위를 모르면 추위도 알지 못한다. 추위는 정이요, 더위는 동이니 정과 동을 다 알지 못하는 것이다. 그럼에도 불구하고 인간의 낡은 자만과 볼썽사나운 오만이 극지의 빙하를 녹이고 지구의 지붕을 덮고 있는 만년설을 치워버리고 있다.

산은 수억만 년 동안 빙하기를 거쳐 영원히 살아남을 씨앗을 지켜왔고, 더위 속에서 그것을 길러냈다. 물질문명의 금자탑을 세웠다는 그 오만과 자만으로 일찍이 한 번 꽃피웠던 르네상스 시대를 회복하지 못하고 있으며 문화와 절대적 진리의 세계에 대하여 무심하게도 오랫동안 외면해왔다. 물질적 풍요가 채워주지 못하는 인간 삶의 궁극적 완성이 무엇으로 가능한지 생각하지 않고 산을 파헤치고 자연을 심각하게 훼손시킨 것도 모자라 지금 이 순간도 도굴꾼과 같은 탐욕을 버리지 못하고 있다.

인간이 모피와 비단으로 몸을 감싸고 산해진미로 배를 채워도 채워지지 않는 허기와 공허는 우리가 파괴하여 잃어버린 자연성과 문화가 우리 안에 결여되어 있기 때문이다. 추울 때는 문고리가 쩍쩍 달라붙을 정도로 바짝 춥고, 더울 때는 숨이 막히도록 더워야 겨울이 겨울로써 여름이 여름으로써 해야 할 그 기능과 역할을 수행하게 되어 인간과 자연이 서로 조화를 이루고 상호 보완하는 의존적 관계와 상생의 길을 열어갈 수가 있다. 마찬가지로 오늘을 사는 사람들에게도 더위와 추위가 없는 것은 당장은 편안하고 좋을지 모르나 그것은 자신을 한없이 허약하게 만들고 계절을 잃고 사는 결과를 만드는 것과 다를 바가 없다.

계절을 상실하고 사는 현대인의 삶 어디에서 자신의 더위와 추위로 삶을 다스릴 줄 아는 매서운 이성과 지혜가 나오겠는가. 감각과 욕망의 야생마에 의하여 그토록 확고하게 땅속 깊이 박혔다고 믿었던 이성의 말뚝은 결국 간단히 뽑혀 통제력을 잃고 질질 끌려다니게 되는 결과가 되고 마는 것이다.

다시 정리해보면, 욕망의 기인은 소유욕에서 온다. 그 욕구는 끊임없이 애착과 집착의 아귀힘을 키운다. 마침내 어떠한 다른 손에도 끌려가지 않는다. 제 고집의 텃밭을 확장시키며 '마음'이라고 하는 온 들판을 장악한다. 거기서 얻어지는 더 큰 욕망이 급기야 지주가 되어 참으로 귀하고 선한 검소와 절약과 겸손들을 소작농으로 전락시켜 착취를 일삼는다.

무의식은 의식이 중첩되어 만든 또 하나의 의식이다. 습관적으로 길들여진 욕망은 종국에 가서 모든 분별력을 잃게 만든다. 본디 이성과 지혜라는 이름으로 등재된 자기의 땅이었으나 욕망에게 제 땅을 모두 빼앗기고 남의 땅을 부쳐 먹고 힘들게 사는 그 소작농에게서 다시 도조라는 명목으로 세금을 바치게 한다. 그래도 마지못해 사는 그 자신, 욕망이라는 자기 자신을 알지 못한다. 어떤 계시에 의하여 이성이나 지혜가 현자의 모습이 아닌 탁발승의 모습으로 지나가며 그 운명을 넌지시 알려주고 지나가도 알아듣지 못한다. 욕망의 끝은 불 속이다. 그 몸집이 아무리 크고 아무리 많다 해도 마침내 연기로 사라지고 만다. 그 연기가 어찌나 매운지 아무도 불 가까이 오지 않는다. 타고 남은 재를 뿌려도 같은 땅에서는 같은 씨앗이 거둬진다. 그래도 버리지 않겠는가. 일생을 욕망의 노예가 되어 헛된 중노동에 징집되어 삶을 착취당하려 하는가.

인간의 해방은 집착과 욕망의 탈옥에 있다. 지금 당장 그 감옥에서 탈출하여 아주 멀리 가라고 나는 나 자신에게 말한다. 그 말을 듣는 자는 결국 나여야 하고 나이기 때문이다. 나는 누구에게나 갈 수 있지만, 자연 이외에는 아무에게도 예속되지 않는다. 어디까지나 나는 '산'이라고 하는 나 자신에게 속한 존재여야 한다.

사유와 사색으로 물드는 계절

01_ 영봉에서 인수봉의 금언을 듣다

망치로 두들겨도 깨지지 않는다. 불 속에 넣어도 타지 않는다. 땅에 묻어도 썩지 않는다. 어둠 속에서 더욱 뚜렷하며 진흙이 묻어도 영롱하게 빛나는 보석이다. 분실할 염려도 없고 어디에 내놓아도 아무도 가져가지 않는다. 고난이 닥쳤을 때 커다란 위안이 되고, 방향을 알려주는 나침판이 된다. 그것은 영원한 마음의 빛 금언, 아포리즘이다.

마음속 그 고요한 절로 가는 길

우이동 숲길로 빠져나가는 긴 여름의 끝자락이 보인다. 가기 싫은 양 손 흔들고 돌아서서 느릿느릿 걸어가는 어느 그리운 이의 뒷모습이 저럴까. 도저한 사랑같이 뜨겁고 치열하고 맹렬했던 여름아 잘 가고, 고운 단풍의 빛이 되어 다시 오라. 소나무, 잣나무, 단풍나무들이 길 양쪽으로 늘어서 삼각형의 구도를 이룬 숲길을 따라간다. 첫 단풍처럼 옅게 물든 갈잎 하나 툭 떨어진다. 무엇을 내게 묻는 것일까.

길은 '육모정공원지킴터'를 지나며 산으로 난 오솔길로 이어진다. 용덕사 가까이 이르자 소나무 사이로 난 단아한 돌계단이 나온다. 반음계와 온음계를 적당히 섞어 만든 것일까. 몸과 마음이 아름다운 음계를 따라 변주되며 열리는 느낌이다. 어느 곳이든 절로 가는 길은 언제나 이렇게 직접 걸어서 갔으면 좋겠다.

차에서 내리자마자 도착하는 절 마당이란 얼마나 머쓱한 것이던가. 너무 멀지도 가깝지도 않은 그런 고즈넉한 절이 있는 곳이 곧 내 마음의 세계이길 바란다. 거긴 곧장 가는 것이 아니다. 생각을 정리하고 마음을 가라앉히는 시간이 필요하다. 그것은 우리의 삶에 대한 최소한의 예의이다. 자기를 돌아보고, 자기를 버리는 행위가 일어나지 않고 우리가 만날 수 있는 세계가 있는가.

마애약사여래불의 달빛 미소

곧이어 도착한 용덕사는 계곡 가에 위치한 지형적 특성으로 보편적 입장에서 본다면 공간이 넓지 않다. 하지만 법당의 축대에 쌓인 크고 작은 돌들을 보면 안다. 크다고 큰 것이 아니며, 작다고 작은 것이 아니다. 수려한 영봉 줄기를 뒤로 한 가람은 단출하고 검박하여 오히려 마음이 편안하다. 경내에 들자마자 제일 먼저 눈에 띄는 것이 있다. 약간 앞쪽으로 숙어진 커다란 바위벽에 새겨진 마애약사여래불(磨崖藥師如來佛)이다. 흰 달빛으로 빛나는 만월의 미소라니. 중생의 고통을 두루 헤아려 능히 그 어떤 병고도 낫게 해 줄 빛이다.

백중 기도를 올리며 절절히 이어지는 스님의 독경소리가 끊일 줄을 모른다. 독경소리는 마당가 돌 수곽의 맑은 감로수로 넘쳐흐른다. 수곽 아래 매발톱은 온통 감로수로 젖었고, 붉은 여뀌는 제 꽃봉오리 속에서 영롱한 보석을 꺼내고 있는 중이다. 돌단풍은 이미 그 희열이 만면에 붉다. 흘러넘치고 있는 돌 수곽의 물은 계곡물이 선회하는 맑은 담으로 졸졸 흘러든다. 연신 밀고 밀며 거듭 지우고 지우며 새로 만드는 물결, 마음은 저런 것인가. 마음으로 밀려오는 물결은 수곽을 넘친 물의 파동인가, 스님의 독경소리가 울림이 되어 만들어내는 허공의 파문인가.

모든 것은 새로워야 한다. 새롭지 않다면 이미 정신은 정주하여 답보 상태에 있는 것이다. 보고 있는 일체의 것들이 모두 허깨비에 불과하다. 걸음이란 비만한 타성을 벗고 새로 나기 위한 지극한 마음의 발로이다. '산'의 세계 속으로 깊숙이 침투해 들어가는 행위를 통해 자성을 밝히고 자기를 구원하는 일이다. 세상 모든 것들이, 또한 우리의 삶이 매 시각 같을 수가 없다. 지금의 이 마음이 그러하듯 지난밤의 어둠이 지지난밤의 어둠과 같지 않다. 이 순간의 햇빛이 조금 전의 햇빛과 다르고, 떠오를 오늘 밤의 달빛이 어제의 달빛과 같을 리 없다. 존재란 항상 그렇게 새로워야 하며 거듭나야 한다. 우리의 삶이 지난한 것도 그 때문이 아니겠는가. 저 벼랑 위의 노란 원추리 망우초(忘憂草)가 아침에 피었다가 저녁에 지고 계속 다른 꽃이 피는 것도 같은 이유이리라. 물푸레나무 아래 계곡의 그늘에 앉아 듣는 독경소리에 마음이 촉촉이 젖는다. 젖어서 계곡물과 함께 저 먼 세상 향하여 산 아래로 흘러간다.

그동안 몇 번 얘기를 들었지만, 사찰의 창건 연대와 마애불의 조성 시기 등을 주지 스님께 직접 여쭙고 싶었다. 점심 공양을 끝내고 마주한 향문 주지 스님의 연꽃 같은 숨결은 천년고찰의 향훈처럼 맑고 깊다. 말씀의 요약은 '오래전 불치병을 앓던 어느 노파께서 치성으로 오랫동안 기도를 드렸다. 어느 날 바위에서 월광과 같은 달빛이 비치는 것을 목격하였고, 병이 다 나았다. 그 감사의 보은으로 바위에 마애불을 새기게 되었다'는 말씀이시다.

사찰의 창건 연대는 확실치 않다. '대한불교조계종 총무원'에서 발행한 문헌에 의하면 "1910년경 창건되었다고 구전됨"이라고 표기되어 있다. 마애불의 조성 시기도 정확히 알 수가 없다. 절의 창건 시기나 그 이후로 보고 있다. 마애불의 탄생 배경과 부드럽고 따뜻한 미소 탓일까. 사람들의 경건한 발걸음이 끊이지 않는다. 이 땅의 아픈 이들이 저 약사여래의 신비한 달빛 미소로 모두 쾌차하기를.

영봉능선에서 아우르는 조망의 백미

경사를 조금씩 높이던 산길이 가파르게 이어진다. 길 여기저기 잘 익은 구릿빛 도토리가 뒹군다. 이따금씩 도토리 떨어지는 소리가 숲의 고요를 불시에 친다. 야물야물 도토리를 먹는 다람쥐의 모습이 참으로 귀엽다. 육모정 고갯길을 오른다. 숨이 헐떡거릴 때쯤 '깔딱샘'을 만난다.

육모정 고개를 지나 한눈에 도봉산과 북한산이 조망되는 영봉능선의 봉우리에 오른다. 비가 오고 난 후 맑게 씻긴 우후청산의 그림 같은 산경(山景)이다. 가운데 왕관봉을 중심으로 왼쪽으로는 한북정맥의 일부인 상장능선이 하늘에 유려한 마루금을 그었다. 오른쪽으로는 오봉과 우이암을 위시한 빼어난 절경의 도봉주능선이 멀리 자운봉으로 이어져 있다. 우이령길 건너 도봉산까지 시원하게 열린 휠찍한 공간이 가슴을 터준다. 다시 바로 옆으로 자리를 옮긴다. 외롭고 높고 쓸쓸한 산정의 바람을 다 받아내느라 갈지자를 그린 두 소나무가 눈길을 끈다. 벼랑 위 허공에 몸을 띄우고 세상을 내려다보고 있다. 저 소나무가 바라보는 세상이란 어떤 것일까. 단애에 앉아보니 생사가 지척이다.

헬리포트를 지나 영봉에 도착한다. 웅장한 암벽미가 실로 압권이다. 누구든 그가 산사람이라면 흠모할만하다. 그렇다고 지금 여기서 바라보는 것이 인수봉의 전부가 아니다. 봄, 여름, 가을, 겨울 계절에 따라 그 모습과 세계는 사뭇 다르다. 직접 올라가서 보고 느껴야 한다. 또한 백운대와 숨은벽에서도 봐야 한다. 원효릿지나 만경대릿지 노적봉 등에서도 봐야 진면목이 드러난다. 일출과 운해와 저녁놀 속에서 그 위용을 드러내는 저 간결한 세계는 천의 세계로 다양하게 변주된다. 보고 듣고 느끼기에 따라 공맹이요 부처요 도가의 선계이다. 한때 신들이 거처했을 천혜의 요새요, 지상을 살피는 하느님의 망루이다. 평생을 두고 읽는 산경(山徑)이다. 그럼에도 인수봉은 이따금 누군가 오른 길의 흔적들을 절벽 아래로 집어 던진다. 항상 자신을 날 선 벼랑으로 거듭 깎아 세운다.

저 인수봉이 말한다. '삶이 어렵고 힘든 것은 누구도 예외 없이 그 스스로 생의 선등자가 되어야 하기 때문이다. 천길 바위벽에도 분명 오아시스가 있다. 바위를 통해 절망을 희망으로 견인하는 지혜와 슬기를 배운다. 하여 우리는 가망기만 한 자신의 거벽을 넘을 수가 있다.' 처음 대면했을 때 초심으로 들었던 그 말을 다시 들려주고 있다.

인수봉을 바라보며

당신이 아니면
내 눈을 어디에 둘 수 있을까요
당신에게 이르고 싶었던 가열한 열망이
이토록 가슴 뛰는 사랑이 될 줄
어찌 알 수 있었을까요
단박에 빠져버린 내 영혼
흠모의 당신이 아니면 그토록
이 목숨의 산을 천 번도 더 넘게
오르지 않았을 거에요
때로 부러지고 절망해도
기어코 만나는 사랑의 오아시스
당신을 만나는 순간
나는 더 이상 사막이 아닙니다
마음의 선을 넘어 홀로 오르는
고독길에서 하늘의 음성을 듣는 날이면
망루의 종은 울려 새들은 높이 납니다
슬픔조차 유장한 강물이 되어
먼 바다로 흘러갑니다
언제나 나를 꿈꾸게 만드는
저 희디흰 목숨의 사랑

용덕사 마애여래입상

02– 선인仙人의 장엄한 도봉 오색 비단을 입다

선하면 곱고, 고우면 선하다. 선하고 고운 것은 아름다운 것이다. 아름다운 것들은 모두 빛난다. 그 빛은 누군가의 마음이 물들인 색이 깊어져서 발산되는 사랑의 빛이다. 사랑을 하면 예뻐진다는 말은 흔한 대중가요 속에서도 끝까지 빛을 발하는 진리다. 사랑만 하기에도 낮 시간이 짧은 가을이다. 밤이 길어지는 이유이다.

칠보 영롱한 사랑의 단풍길

어느 사랑의 빛이 저리 고울까. 가을은 못다 이룬 사랑을 완성하는 때이다. 실패한 사랑도 상처 입은 사랑도 곱게 물드는 계절이다. 저 고운 숲길로 함께 가는 사랑은 또 얼마나 미덥고 눈물 나게 아름다운 것이냐. 도봉동문(道峯洞門)을 나서는 물빛이 칠보의 빛깔이다. 느티나무 단풍나무 오리나무 참나무, 나무란 나무들이 단사청확의 고운 옷을 입었다. 눈을 어디에 둘까. 어느 길로 갈까. 어디로 가는 길이 이토록 곱고 아름다울까. 호사스런 행복에 가슴이 이토록 설레는데, 단풍잎마다 새겨진 바람의 말들을 나는 또 어찌 다 들으며 갈까.

도봉이 도봉일 수 있는 여러 이유가 있다. 그중 하나는 오늘날까지

회자되고 있는 사랑의 이야기가 있기 때문이다. 또한 도봉은 김수영 시인과 시 '풀'을 얻음으로써 현대시사에 빛나는 만장의 돌올한 봉우리를 세웠다. 도봉구 도봉동 산107-2번지. "바람보다 더 빨리 눕고 바람보다 더 빨리 울고 바람보다도 먼저 일어나"는 풀의 옛 주소이자 현주소다. 시와 사랑과 학문이 불꽃처럼 일어났던 곳, 바로 도봉(道峰)이다. 그 시와 사랑을 만나러 간다.

가을 단풍을 만끽하러 나온 인파의 물결이 넘친다. 도봉생태공원에 들어선다. 가운데가 갈라진 빗각모양의 시비가 이루지 못한 사랑을 말하고 있다.

娘家在浪州(낭가재낭주) 그대의 집은 부안에 있고
我家住京口(아가주경구) 나의 집은 서울에 있어
相思不相見(상사불상견) 그리움 사무쳐도 서로 못 보고
腸斷梧桐雨(장단오동우) 오동에 비 뿌릴 젠 애가 끊겨라

촌은(村隱) 유희경의 '매창을 생각하며'라는 「회계낭(懷癸娘)」이라는 시다. 다시 오른쪽에 새긴 매창의 시를 읽는다.

이화우(梨花雨) 흩뿌릴 제 울며 잡고 이별한 님
추풍낙엽(秋風落葉)에 저도 날 생각는가
천리에 외로운 꿈만 오락가락 하노매

천인(賤人) 출신 유희경, 인조 때 가의대부까지 품계가 올랐다. 말

년에 도봉서원 인근에 임장(林莊)을 짓고 살다가 여생을 마친 당대의 문장가였다. 매창, 이름은 향금(香今) 기생 신분이었으나 황진이, 허난설헌과 함께 조선 최고의 여류시인이 되었다. 나이와 전쟁과 지역을 초월하여 나눈 서럽고 절절한 사랑이다. 자신의 존재의 근원적 물음에 대한 답을 시와 사랑에서 구했던 매창은 누구보다도 아프고, 고독하고, 높았던 여인이다. 하지만 사랑은 시를 낳고, 시는 사랑과 눈물을 낳는다. 이루지 못한 애련한 사랑이 이별로 완성되어 영원의 노래가 된다. 지금 이 산에 물드는 단풍의 빛이 매창(梅窓)과 촌은(村隱)이 나눈 사랑의 빛이 아닐까.

가만히 귀 기울이면 저 아름다운 단풍 속에서도 여름날의 뇌성이 들린다. 꽈르릉 꽝꽝, 번쩍번쩍 뇌성벽력이 천지를 울리고 우르르 탕탕거리던 계곡의 물소리가 쟁쟁하다. 자연에서와 마찬가지로 생에 있어서도 우리는 어느 한 계절도 생략될 수 없다. 여름을 거쳐 가을이 온다. 치열한 삶을 통해서만 자신의 계절이 온다. 그것이 자연의 법칙이요 사랑의 순리다.

높을수록 우러르는 고산앙지高山仰止의 세계

도봉서원 터에 이른다. 영조대왕으로부터 친필 사액(賜額)을 받은 서울의 유일한 어필 사액서원이다. 정암 조광조 선생과 후에 우암 송시열 선생을 배향한 서원이었다. 대원군의 서원 철폐령에 의해 헐렸었다. 그 후 다시 세워졌으나 본디의 모습으로 복원 공사 중이다.

최근 금강저와 금강령 등을 비롯한 국보급 문화재가 발굴되어 비상한 관심이 쏠리고 있다. 영국사 절터에 세워졌던 까닭에 불교 용구가 다량 출토된 것이다. 서원이 복원되어 다시 선생의 드높은 정신과 도저한 학문의 세계가 길이 이어지기를.

서원 앞에 왔다면 꼭 보고 가야 할 각자(刻字)가 있다. 계곡의 바위에 새겨진 고산앙지(高山仰止)가 그것이다. 시경(詩經) 소아(小雅) 편에 수레 굴대빗장 「거할(車舝)」이라는 시가 있다. 네 마리 말이 끄는 수레를 타고 신랑이 신부를 맞으러 가는 신행길의 기쁨을 노래한 것이다. 그 말미에 "고산앙지(高山仰止) 경행행지(景行行止) 높은 산은 우러르고, 큰길을 간다."고 하였다. 천장만장 드높은 도봉과 정암 선생의 학문과 인격이 그러하리라. 한참을 서서 바라본다. 글씨를 베끼는 단순한 필생(筆生)이 아니다. 그 뜻과 정신을 읽고 취하는 사의(寫意)의 시간이 되기를.

계곡을 따라 오른다. 산수유나무도 물들고, 은행나무, 산뽕나무 할 것 없이 참 곱다. 길가의 누리장나무 열매에 눈이 멈춘다. 완벽하게 세공된 벽색의 진주알 보석으로 반짝반짝 빛나고 있다. 들여다볼수록 깊이를 알 수 없는 호수가 보인다. 어느 여인의 눈망울이 저럴까.

천축사로 가는 길은 땀을 흘려야 한다. 천축(天竺)은 천축국의 영축산을 닮았다는 데서 지어진 이름이다. 도토리들이 무문관을 박차고 나오기라도 한 것일까. 잘 익은 도토리들이 신이 나서 데굴데굴 구른다. 일주문을 지나 경내에 들어선다. 본당에 이르기 전 수많은 청동 불상들이 연꽃의 미소로 일행을 맞는다. 살짝 모퉁이를 돈다. 절의 배경이 된 거대한 흰 암벽과 어우러진 천축사는 천축 그대로의 세계요, 절대 수승의 절경이 보는 이를 압도한다. 저 가람에 든 부처님의 미소는 어떨까. 신발을 벗고, 발소리를 죽인다. 기도에 감응하는 촛불처럼 은은하다. 부드럽고 깊은 향나무 같은 오래된 층층의 결이 흐른다.

'천축사목조석가삼존불'은 서울특별시 유형문화재 제347호다. 일반 사찰에서는 석가모니불을 중심으로 양쪽에 문수보살이나 보현보살을 모신다. 독특하게 천축사에서는 좌우의 협시불로 과거불인 '제화갈라보살'과 미래불인 '미륵보살'을 모시고 있다. 사찰은 단풍 속에 파묻혀 있고, 옥골선풍의 흰 암벽은 단풍빛에 물든 영락없는 선인(仙人)의 모습이다.

만장萬丈에 걸린 자운紫雲의 선경仙境

마당바위에 오른다. 누구나 쉬어가는 쉼터다. 소나무에 등 기대고 앉으면 세상의 시름들이 솔바람에 씻긴다. 건너편 보문능선 너머의 우이암은 변함없이 품에 안은 동자승을 돌보느라 고개 돌릴 겨를이 없다. 신선대로 가는 가파른 길을 오른다. 숨이 턱 밑까지 차지만 단풍은 여기서부터 절정을 이룬다. 도봉산의 그 어느 곳보다도 단풍나무가 많다. 열매 붉게 익은 산딸나무도 보인다. 또한 오를수록 군락을 형성한 강송과 노송들이 바위 봉우리와 어우러진 '송하선인도(松下仙人圖)'가 곳곳에 있다.

신선대에 선다. 더 이상 무슨 말이 필요하랴. 그야말로 만산홍엽이다. 출렁이는 단풍의 바다에 조각배처럼 구름이 오간다. 바로 앞의 자운봉은 커다란 바위들을 아무렇게나 쌓은 듯, 그러나 가만히 보면 기하학적 구조의 극적인 미를 보여주고 있다. 어디 그뿐이랴. 만장봉과 선인봉은 그 어디서도 찾아보기 어려운 수묵화의 비경을 펼쳤다. 이제 곧 세상 한 번 더 물들이려는 놀빛 자운(紫雲)이 몰려들고 있다. 잠시 눈을 들어 북한산 쪽을 본다. 일망무제로 펼쳐진 산의 바다, 그 파고가 높다.

문득 여기가 어디인지, 내가 속세의 누구인지를 까맣게 잊어버린다. 저 장엄한 봉우리들 바위의 뼛속까지 물드는 시간이 꿈결처럼 흐른다. 하나둘 사라지는 사람들 자취를 모르겠는데, 놀빛에 젖고 단풍에 취하여 날 보고 환하게 웃는 그대 누구시던가.

도봉산 가는 날

자운봉 이마를 물들인
아침놀빛 씻긴 물 흘러오네
오색 단풍에 물들어 칠보의 빛깔로
산을 빠져나가는 계곡물
내가 한 그루 나무가 되어 그대를 보듯
가만히 바라만 보고 있어도
마음이 꽃신처럼 흠뻑 물드네
좋아서 좋아서 어린아이처럼
그대 환하게 웃으시네
미소도 물들고 아옹다옹 다투며
쌓아온 정도 물들어 지금
활활 타오르는 우리 사랑도 절정이네
앞서다 기다리고, 기다리다
손잡고 오르는 천축사 가는 길
된비알에서 휘청 넘어가는 나를 또
붙들어줄 그대 있어 마당바위 지나
오늘도 신선대에 오르리
이 세상 다 내려가는 그날까지
당신 따라 저 도봉에 오르리

도봉산 가는 날, 만장봉

03_ 고독하게 빛나는 숨은벽능선의 진경에 들다

돌이켜 생각해보면 이별이 있어 만남은 더욱 소중하다. 세상에 영원한 것이 있으랴. 영원한 것이 없어서 우리는 떠나가는 것들에 더 절절하고 절박하다. 그 절절함과 절박함이 서로를 기억하게 만들며 우리를 참된 진리의 길로 이끈다. 망각의 시간 속에서도 꽃피는 기억들로 우리는 이별로부터 구원된다.

밤골을 떠나는 가을의 향기

쑥부쟁이의 향기로 가을이 떠나고 있다. 그 여운이 헤어지고 돌아서는 연인을 닮았다. 뼛속까지 뜨겁던 사랑의 열정이 지나가는 숲은 서서히 적요에 들고 있다.

잘 익은 알밤들이 쏟아지던 밤골 입구에 들어선다. 열매를 내준 빈 밤송이들의 홀가분한 휴식이 평화롭다. 억센 가시를 고집했던 그 뜻을 모두가 알게 되었으니 한때의 비난과 오해를 말끔히 벗었다.

숲으로 난 오솔길을 따라간다. 참나무숲 특유의 냄새가 친숙하다. 마지막 남은 상수리들을 내려놓는 모습은 경건한 제의 같다. 참나무는 굴참나무, 졸참나무 등과 같은 참나뭇과의 나무 중에서도 가장 좋은 구릿빛 열매를 맺는다. 하여 옛 임금님 수라상에 오른 도토리란 뜻으로 '상수리'라 불렀다. 학명은 'Quercus'로 진짜인 '참'을 의미한다. 나무 중의 으뜸인 것이다. 언제나 마지막까지 사람과 숲속의 동물들에게 베풀기만 한다. 이 숲길을 걸으며 한 번쯤 나를 돌아보게 만드는 이유이리라.

일명 '부침바위'에 도착한다. 소원을 빌며 붙여놓았을 고만고만한 돌멩이들 속에서 우리들의 얼굴이 읽힌다. 저마다 다른 앉음새를 통해서 안고 있는 각양각색의 고민도 엿보인다. 돌멩이 하나가 무슨 효용일까만 위안이 되리라. 산문 같은 이쯤에서 산행의 무사함을 바라며 마음을 가다듬는 것도 나쁘지 않은 일이다. 신산한 삶의 시간을 문질러서 소망을 앉히는 저 바람들이 모두 이루어지기를.

계곡으로 가는 길가에 보랏빛 산부추가 곱다. 막바지 가을 축제의 불꽃놀이다. 보면 볼수록 밤하늘 높이 쏘아 올린 폭죽이 연이어 터지며 빛을 뿜는 모습 그대로다. 저 축제 끝에는 잘 여문 씨앗을 퍼뜨려야 하는 소임이 기다리고 있다. 과피(果皮)를 쪼개 비틀며 씨앗을 뿌려야 하는 것이다. 야생의 처음과 끝은 언제나 그렇게 고통과 맞서는 일이다.

숲길을 걷는 동안 여기저기 나무들의 주검이 자주 목격된다. 모두 신갈나무를 비롯한 참나무계통의 나무들이다. 베어져 비닐로 덮어 훈증처리 되고 있다. 이미 몇 해 전부터 번지기 시작한 '참나무시들음병'이다. 미라처럼 끈끈이롤트랩을 붕대처럼 감아놓은 것도 있고, 또 어떤 것은 치렁치렁한 줄을 통해 투약 중이다. 사람이나 나무나 아프면 섧다.

숨은폭포에 걸린 금수능라의 비단

한동안 이어지던 숲길 끝에서 훤한 공간이 열린다. 절벽을 뛰어내린 숨은폭포의 물줄기가 깨끗한 암반 위를 흘러내린다. 결곡한 걸음은 만행(萬行)에 나선 수행자의 모습이다. 폭포 앞 등 굽은 노옹(老翁)의 소나무가 그 모습을 바라보고 있다. 꽃이 피고 단풍 지듯 일어나는 세간의 일들, 다 잊어버린 소나무는 무엇을 생각하고 있는 것일까.

숨은폭포를 온전히 보기 위해서 오른쪽 망바위에 올라선다. 폭포와 숨은벽능선의 비경이 처음으로 한눈에 들어오는 시점이다. 계곡 양쪽으로 늘어선 나무들이 만들어내는 단풍의 빛은 금수능라와 같이 화려하다. 폭포는 그대로 비단폭(瀑)이다. 바람이 불 때마다 영롱한 빛들은 숲의 정령처럼 빛나며 은일한 세계의 신비를 지킨다. 고개를 높이 든다. 저 위 왼쪽의 인수봉과 오른쪽 백운대 사이에서 솟구쳐 오른 하얀 암릉이 가슴을 뛰게 한다. 말라붙은 감성을 다시 깨운다. 신비한 상승의 힘으로 활력을 불어넣어 주는 저 비경은 바라보는 것만으로 행복하다. 잠시만 앉아 있어도 세상 시름들이 시나브로 사라진다. 어느 것에도 속박받지 않고 본디의 자신으로 돌아간 자연인이 되게 한다.

아름다운 가경의 두 번째 계곡에 도착한다. 너른 암반과 소나무와 계곡물이 어우러진 수반 같은 정경이 맑고 평화롭다. 바위 옆에 자리 잡은 새하얀 구절초는 바람결에 향기를 풀어놓으며 가을과 작별의 정을 나누고 있다. 계곡을 버리고 능선으로 붙는다. 솔숲을 흔드는 솔바람에 가을 하늘은 티 없이 맑고 높다. 숨찬 비탈을 오르며 점점 고도를 높인다.

절정에서 빛나는 고독의 장엄경

전망대바위에 올라선다. 늑골 아래가 다 시원하다. 상장능선 너머 오봉이 저 앞이고, 자운 만장 선인봉을 위시한 도봉의 우뚝한 봉우리들이 성채를 이루었다. 소풍을 나온 듯 만추를 만끽하고 있는 사람들, 미소마다 알록달록 단풍이다.

바로 아래 해골바위가 눈에 들어온다. 간밤에 내린 비로 물이 가득 찼다. 조금은 기괴한 저 바위에 달이 뜨면 사정이 달라진다. 물속에 들어온 만월은 눈동자가 된다. 광년 너머의 어둠까지 이르는 시력으로 세상 만물을 본다. 해골이 된 바위가 얻은 만월의 시력은 역설적으로 우리가 얼마나 지독한 근시안인지를 깨닫게 해준다. 숨은벽능선의 날등을 탄다. 변함없는 이 아찔한 고도감, 일렁이는 산 물결은 미미한 존재의 실존을 여지없이 흔들며 생생히 전한다. 수직으로 내리꽂힌 현기증 나는 바위는 수평적 구도를 단번에 허물며 독특한 분위기의 장엄미를 연출한다.

숨은벽 대슬랩 앞에서 걸음을 멈춘다. 가히 진경이다. 일찍이 누군가와 이 세계를 함께 나누고 싶었다. 오늘 지음(知音)과 그 뜻을 이루었으니 더는 바랄 것이 없다. 볼수록 숨은벽과 인수봉, 백운대의 위용이 하늘을 찌른다. 파랑새능선과 더불어 또 하나 놓칠 수 없는 것이 있다. 백운대 북사면의 북한산국립공원 가운데 몇 안 되는 가장 극적인 단풍이다. 난공불락의 거대한 성벽에 계속되는 화공 같은 단풍의 불길이 절정이다. 이 모든 것 중에서도 단연코 백미는 숨은벽 능선이다. 아무에게도 자신을 드러내고 싶지 않은 고독의 진경이다. 눈부시게 아름다운 저 흰 순수, 저 아우라, 어느 것에도 물들지 않는다. 여명의 빛은 엄숙히, 한낮의 빛은 눈이 아프도록, 저녁놀은 황홀하도록 그대로 되돌려준다. 모든 말들을 버리게 한다. 산과 이 세계의 기저를 이루고 있는 원형적 침묵에 귀를 기울이게 한다. 저 묵중한 고독이 깊다. 깊은 고독이 좋다.

나다움을 잃지 않으며 자신을 홀로 기르는 자양(自養)은 고독한 일이다. 하지만 그 뒤에 오는 평화는 얼마나 그윽하고 깊고 자유로운 것이냐. 골짝에 몸을 두고 아무도 모르게 뿜는 지란과도 같은 향기이다. 나는 누구와 싸워야 하는가? (kairmaya saha yoddhavyam). 고독은 자기와 싸울 때 가장 빛난다. 언제나 최후에 만나는 적은 나 자신뿐이다. 저 숨은벽은 늘 그것을 가르쳐준다. 세상 속에서 우리는 끊임없이 모습을 드러내며 그 모습을 숨긴다. 무수히 많은 '나' 속에서 '참나'의 진여는 드러나지 않는다. 드러나지 않아서 그 실체를 드러내는 것이 숨은벽의 다르마(dharma)다. 낙엽 한 장을 띄우는 물이 접시의 다르마라면, 이 세계의 전면을 띄우는 것이 고독한 침묵이 갖고 있는 광대한 우주적 다르마다. 숨은벽은 그런 곳이다.

저 도저한 숨은벽은 칼날 같은 고독을 숨겨서 자신의 세계를 진경으로 드러내고 있다. 자기를 오롯이 지키고 있다. 홀로 있는 절벽의 소나무와 같이. 바다로 가는 저 유장한 강물과 같이.

숨은폭포

절벽의 흰 물줄기에
오색 수를 놓아 펼친
금수능라 비단 한 폭
지나가던 어치가 뛰어들었다
물벼락만 맞고 몸을 터는데,
비산하는 금은옥주 눈이 부시다
아무것도 모른 채
팔색조가 되어 날아가는
색동 날갯짓마다
무지개가 그려진다
노옹老翁의 소나무가
아무도 모르게 몰래
혼자 보고 있다

숨은벽 전경

04_ 상장능선에서 도봉산과 북한산의 미래와 희망을 읽다

산은 늘 내게 삶의 문제가 욕망의 충족이 아니라 욕망과 욕구의 절제라는 사실을 일깨운다. 햇빛과 바람과 시냇물과 새소리 등 모두 그 자체가 자연의 진리다. 진리와 반짝이는 인식의 시간 속에서 우리의 정신은 늙거나 낡아지지 않는다. 나무가 되고 바위가 되어 이 땅과 이 세계의 산맥을 지킨다.

산과 세상, 그 경계의 미학 솔고개

욕망은 눈으로부터 시작된다. 에덴동산의 선악과 또한 이브의 눈에 들어오면서 인간의 탐욕이 생겨났다. 소유욕이 발동하는 시점부터 경계가 모호해진다. 그로 인하여 다툼과 분쟁이 발생한다. 비움과 채움 사이에서도 일어나며, 우리의 영혼과 육체도 예외는 아니다. 이 모든 갈등은 '눈의 탐욕'으로부터 온다. 그 탐욕으로부터 외떨어진 곳에서 가슴을 열고 사유하는 산이 있다. 눈을 감으면 지극한 고요가 '마음의 눈'이 된다. 하지만 그 눈은 탐욕을 거두지 않고는 형성되지 않는다. 어느 현자의 혜안처럼 "모든 인간은 본성상 보려는 욕망을 가지고 있다." 역으로 말하면, 들으려는 성향이 결여되어 있음을 뜻한다. 산이 산을 본다. 산이 산을 듣는다. 그러나 어쩌랴. 그것은 어디까지나 눈에서 탐욕이 제거된 심안이 있을 때만 가능한 일이다.

한북정맥이 지나는 솔고개는 고양시와 양주시의 경계를 이룬다. 복잡한 대도시의 어지러움을 집어던지고 차분한 시간 속에 잠기고 싶을 때 찾아가고픈 곳이다. 마음과 마음 밖, 봄과 들음, 소란과 고요 그 경계의 접점이다. 상장능선은 그러한 세상과의 경계에서 적당한 미적거리를 유지한 채 인간이 지닌 눈의 탐욕으로부터 한 걸음 떨어져 있다. 현재는 2033년까지 생물 다양성 유지와 야생생물 서식지 및 이동로 보호를 위한 국립공원 특별보호구역으로 지정되어 있다. 국립공원 직원의 안내를 받아 탐방에 나선다.

교통호(交通壕)가 있던 쉼터까지는 된비알이다. 잡목이 섞여 어우러진 숲은 통행이 불편하다. 사람의 길이기보다는 산짐승의 길이다. 위쪽으로 멀리 상장능선이 보인다. 쉬어가기 맞춤한 바위에 청서(靑鼠)가 앉아 있다. 의아한 표정으로 우리를 말똥하게 쳐다보고 있다. 저 동물에 대한 좋지 않은 이미지는 어디서 유래된 것일까. 가만히 살펴봐도 썩 호감이 가는 모습은 아니다. 인간의 기호식품인 밤, 잣, 호두 같은 견과류를 먹이로 삼는다. 농사를 짓는 입장에선 퇴치해야 할 대상이다. 다람쥐를 잡아먹는다는 속설이 있는데, 결코 본 적이 없다. 예로부터 꼬리털은 붓을 만들던 재료로 이용되었고, 청서모가 청설모가 된 것이다. 엄연한 우리의 고유종이라 할 수 있다. 또한 다람쥐와 청설모는 생태적 지위가 다르기 때문에 한 장소에서 살지도 않는다. 서로의 공존을 위해 공간을 나눠 가진다. 인간에 의해 멸종위기 동물이 된 늑대나 여우 등의 천적이 없다. 개체 수가 증가하고 주로 나뭇가지에 집을 짓고 살다 보니 자주 눈에 띈다. 소나무 꼭대기를 보면 이따금 청설모의 집이 보인다. 나뭇가지 몇 개로 성글게 지은 소박한 집이다. 소나무 아래나 잣나무 아래를 지나다 보면 솔방울과 잣송이가 조각조각 뜯겨 있다. 솔씨와 잣을 빼먹은 흔적이다. 먹고 사는 일은 동물도 인간과 다르지 않다. 무턱대고 돌을 던지거나 미워할 일이 아니다.

일지일획으로 미려하게 뻗은 능선

상장봉에 닿기 전 오른쪽 숲으로 난 창으로 북한산의 가경이 들어온다. 인수봉과 숨은벽 백운대의 위용이 하늘을 찌른다. 원효봉 너머로 멀리 의상능선이 보인다. 앞으로는 노고산이 손을 뻗으면 닿을 듯하다. 예비군 교육장이 한눈에 들어온다. 훈련 때마다 함성 높던 우렁찬 소리들이 기억 속에서 멍멍히 산을 흔든다. 바로 아래로는 사기막골이 넓고 길게 펼쳐져 있다. 상장봉(上將峰)은 장수와 같은 기상이 우뚝하여 붙여진 이름이다.

상장능선 제1봉은 주위가 조망되지 않는다. 곧장 제2봉으로 향한다. 봉우리에는 아찔한 절벽 위에서 춤사위를 펼치고 있는 소나무들의 무도가 한창이다. 밀고 당기며, 뻗고 끌어안으며 호흡이 완벽한 공연 예술이다. 펄럭이는 옷자락에서 옅은 운무가 핀다. 건너편 인수봉을 위시한 암봉들도 구경에 무아경이다. 짧은 암릉을 지난다. 바로 앞에 있는 제3봉의 기상이 상장군의 위엄이다. 길은 가다가 갈래를

친다. 우회하는 길은 멀고 봉우리의 참다운 면모를 목도할 수 없다. 바윗길로 접어든다. 짧은 구간이지만 주의가 필요하다. 사소한 부주의는 자칫 큰 사고로 이어진다. 아무리 고도한 산의 세계를 쫓고, 목표점에 이르고자 해도 그것은 어디까지나 안전을 전제로 한다. 봉우리에 올라서니 천길 단애가 아찔하다. 소나무는 무슨 생각으로 저 벼랑에 섰을까. 생각이 끊어진 자리, 모든 의혹과 질문이 사라진 경계에 이르러서야 설 수 있는 자리가 아닐까. 능선에 올라서 뒤돌아보는 첨예한 제2봉은 봉우리가 하늘에 바짝 닿았다. 제3봉에서 바라보는 제4봉은 사람의 발길을 거부하는 준험한 천연의 성채다. 멀리서 보면 이 봉우리도 왕관을 닮았음을 알게 된다. 바위를 조심스럽게 내려서면 마주치는 우람한 소나무가 있다. 붉은 가지들이 허공을 꺾으며 바람을 보낸 궤적이 선명한 만지송(萬枝松)이다. 갈래갈래만 갈래 흩어지던 마음들이 일지일심으로 나아간 세계는 무엇일까. 고사목이 있는 언덕으로 올라가는 비탈길에서 잠시 뒤를 돌아 지나온 봉우리를 본다. 중국의 기서인 '산해경(山海經)'에서나 볼 수 있는 거대한 한 마리의 승황(乘黃)이 이쪽을 향해 돌진해오고 있는 형상이다. 그 동물을 타면 이천 살을 산다고 한다.

나무가 없는 개활지에서 도봉산의 파노라마가 활짝 열린다. 멀리 사패산이 밀어 올린 능선이 자운봉에서 솟구치고, 오봉에서 천의 기하학을 펼쳐놓곤 여성봉에서 수긋해졌다. 이어 상장능선의 백미라 할 수 있는 장송이 있는 최고의 조망 포인트에 도착한다. 방금 전 보았던 도봉산은 우이남능선으로 뻗어 내리고 멀리 수락산, 불암산까지 한눈에 잡힌다.

가장 아름다운 으뜸의 풍광은 왕관봉과 바로 앞에 있는 좌월대(坐月臺)와 어우러진 북한산의 모습이다. 첨탑을 연상케 하는 만경대와 인수봉이 만들어내는 구도와 미는 가히 신의 역작이라 부를 만하다. 이 절창의 진경을 보았으니 더 이상 무엇을 탐하랴. 잠시 좌월대에 앉아 눈을 감는다. 눈으로 악령을 키워 정신과 육체가 병고에 시달리지 않도록 하라고 왕관봉이 바람의 목소리로 들려준다. 눈의 탐욕을 내려놓고 가라는 뜻일 게다.

노을에 잠겨 어둠 속으로 침잠하는 산

육모정으로 향한다. 숲은 무성하여 길의 흔적이 희미하다. "훈련장으로 무단침입하지 마십시오. 훼손된 울타리는 여러분의 자녀들이 힘들게 복원해야 하며 불순분자의 침입을 용이하게 합니다."라는 부대장의 호소가 간절하다. 군데군데 가시 철망이 짓밟혀 있다. 경계는 지켜져야 한다. 그 경계가 무너질 때 갈등이 생기고, 걷잡을 수 없는 혼란이 야기 된다. 사기막골 상단부의 숲을 가로지른다. 빽빽한 원시림은 정글과 흡사하다. 숲 으슥한 곳에 진흙 목욕을 하고 간 멧돼지의 흔적이 역력하다. 이 산의 주인인 멧돼지와 너구리와 청설모와 다람쥐와 하늘나리와 누리장나무를 비롯한 각종 나무들이 제 노릇을 하고 있는 셈이다.

깊고 으슥하고 광막한 숲을 끝도 없이 가로질러 겨우 숨은벽능선에 올라선다. 유려한 상장능선이 석양에 물들며, 서서히 어둠 속으로 침잠하고 있다. 어느 것에도 훼방되지 않는 거대한 산의 침묵은 얼마나 깊은가. 반짝이는 사유가 저리 별들로 빛나지 않는가. 가장 깊은 어둠 속에서도 어둠에 묻히지 않는 산이다. 매번 어둠을 밀어내고 새벽을 여는 산이다. 저 산의 침묵에 오래 귀를 기울인다. 우리의 귀가 멀리 지평으로 열리며 바다로 가는 강물의 여여한 발소리가 들리지 않는가.

오늘 답파한 상장능선은 연봉을 거느린 하나의 독립된 산이다. 독립되어 세상의 산들과 사유라는 연결고리를 갖고 소통하는 산이다. 세상을 듣고 세상을 보는 산이다. 인간의 삶과 세계의 확장을 위하여 더 오랜 사유기에 들고자 하는 산이다.

북한산국립공원의 미래는 곧 우리 모두의 미래요 희망이다. 그 성찰과 사유의 시기를 주어야 한다. 인내를 갖고 기다려주는 미덕이 필요하다. 우리의 무례한 발소리가 산의 기억 속에서 지워질 때 산은 오랜 사유를 풀고 우리를 더 온전히 품어 주리니.

사기막골 멧돼지

몸서리치도록 깊은
이 광막한 적막이 좋다
맘껏 진흙탕에 목욕 하고
석간수 먹고 가는 첩첩 산속이 좋다
사람의 발길이 뚝 끊어진
이 외진 고독이 좋다
숨어라 숨어라 멧돼지야
모싯대 홀로 보랏빛 꽃피우는
이 독거의 공간이 좋다
세상 밖으로 단 한 번도
나간 적 없는 숨은벽처럼
두문불출 새끼 낳고 기르며 사는
이 원시의 숲속이 좋다
벌거벗은 이 고요가 참 좋다

상장능선 단풍

05_ 하늘을 떠받친 도봉산의 주봉, 단청의 빛을 입다

나는 나의 무엇으로부터 내던져져 있는가? 돈인가, 명예인가, 사랑인가? 그 어떤 것이어도 누구라도 그가 존재하는 것처럼 우리는 어디까지나 실존의 범주 안에 던져져 있다. 그렇기에 아직은 기회가 있다. 희망이 있다. 가을이 얼른 가지 않고 아직 내게 머물러 있는 이유이다.

도봉계곡에 흐르는 가을의 빛

곱게 물들어 발산하는 저 빛은 무엇인가. 사람이 그런 것처럼 같은 나무라도 같은 색깔이 없다. 천목천색(千木千色)이요, 만인만색(萬人萬色)이다. 색은 빛이고, 빛은 사랑이다. 가만히 있어도 빛난다. 이 세상 가장 아름다운 색깔은 무얼까. 다이아몬드의 광채는 얼마나 황홀한가. 굴절률이 클수록 빛의 속도는 느려진다. 시간과 빛의 속도도 느리게 할 만큼 사랑은 다이아몬드보다 굴절률이 크다. 순수한 사랑일수록 굴절률도 커서 빛은 붙잡히고 만다. 사랑하지 않으면 빛도 머물지 않는다. 사랑을 잃은 사람의 얼굴은 어둠뿐이다. '사랑은 가장 아름다운 빛깔, 무지개도 사랑의 빛에는 미치지 못한다.' 나무들은 그걸 안다. 가을 산의 단풍은 나무들의 사랑이 만든 빛이다. 사랑할 때 우리의 눈에도 일곱 빛깔 무지개가 뜬다.

명수대(明水臺) 아래를 뛰어내리는 폭포의 물줄기도 물이 들었다. 공중으로 뛰어오르는 물방울들이 물고기처럼 아침햇살을 받아먹기 바쁘다. 느티나무, 단풍나무, 생강나무, 산뽕나무 자태가 곱다. 도봉계곡을 따라가다 금강암 쪽에서 계곡을 건넌다. 마당바위로 가는 작은 능선이다. 긴 계단을 오른다. 다 올라서면 길가에 특이한 모양의 바위가 나온다. 언뜻 보면 몸은 호랑이의 모습이다. 그러나 얼굴은 고뇌하는 사람의 얼굴이다. 한국형 스핑크스인 셈이다. 이 능선의 입구를 지키는 파수꾼이다. 지나는 사람들에게 낼 새로운 수수께끼를 생각하고 있는 것은 아닐까. 숲으로 이어지는 길은 양쪽 물소리가 맑다. 왼쪽은 문사동계곡이고, 오른쪽은 도봉계곡이다. 왼쪽 물소리에 왼쪽 귀가 밝아지고, 오른쪽 물소리에 오른쪽 귀가 밝아진다.

첫 번째 쉼터에 도착한다. 신갈나무가 만든 숲의 창밖으로 훤칠한 선인봉이 드러난다. 이제 시작인 것이다. 오늘은 도봉산 절승의 봉우리들을 가장 가까이 만나는 날이다. 갈수록 거리는 좁혀지고, 가슴에 턱하니 들어서는 생생한 감동의 전율을 직접 경험하는 시간이다. 이어지는 숲길에 탐스런 구릿빛 열매가 떼구루루 구른다. 도토리가 잘 익었다. 도토리가 익는다는 것, 그 성숙함이 도토리나무를 도토리나무로 만든다. 익지 않는다면 도토리나무는 자신의 결여를 그 무엇으로도 채울 수가 없다. 당연히 모든 존재는 응당 자기 자신으로 존재해야 한다. 산의 열매들이 저절로 익는 것일까. 익는다는 것은 시간성에 기인하기보다는 자각성에 있다. 도토리는 도토리로, 개암은 개암 그 자체로 존재할 수 있을 때 성숙해진다. 그 각각으로서 익어갈 때 자신의 정체성을 갖는다. 비로소 자기다움을 확보한다. 자기다움이 그 자신을 규정한다. 세상의 잡담을 눌러버린다. 지금 잘 익은 구릿빛 도토리 하나가 내게 주는 말이다.

하늘과 땅이 만들어 숨긴 에덴동산

소나무와 바위는 환상적인 궁합이다. 여타가 흉내 낼 수 없는 독특한 분위기를 만든다. 절묘한 조화를 이룬다. 이 두 번째 쉼터가 특히 더 그렇다. 곧은 소나무와 굽은 소나무 한 쌍이 바위와 어우러진 모습은 사람의 마음을 편안하게 한다. 소나무 그늘 아래 앉는다. 이웃한 수락산과 불암산이 바로 앞이다. 오른쪽으로 우이암이 건너편에 있고, 왼쪽으로 다락능선이 펼쳐졌다. 세 번째 쉼터에 이른다. 쉼터라기보다는 조망대다. 거대한 선인봉은 세상을 압도하고, 주봉과 에덴동산, 뜀바위, 신선대, 자운봉이 한 앵글에 선명히 들어온다.

다음의 조망바위로 향한다. 이 나무에서 저 나무로 부지런히 오가는 새 한 마리가 눈에 띈다. 소나무 껍질 속에 있는 벌레가 날카로운 부리에 여지없이 찍혀 나온다. 박새과의 곤줄박이다. 잣이나 땅콩 등을 입에 물고 내밀거나 손바닥 위에 올려놓으면 이내 낚아채 가는 친숙한 새다. 사람을 두려워하지 않는다. 제게 악함이나 사기(邪氣)가 없으니 새의 눈에도 사람이 그렇게 보일 것이다.

마당바위로 가기 전 조금 까다로운 마지막 조망바위에 오른다. 바위에 앉아 바라보는 도봉은 용악(聳岳)이다. 가장 아름다운 미적거리에서 바라보는 돌올한 봉우리들이다. 가운데 주봉(柱峰)을 중심으로 좌측 칼바위에서부터 우측 선인봉으로 펼쳐진 풍경은 다른 산에서 찾아볼 수 없는 불꽃 같은 형세다.

마당바위를 지나 관음암 방향으로 간다. 다시 주봉으로 가는 갈림길로 접어든다. 단풍나무 아래 흐르는 계곡의 물빛이 곱다. 에덴동산으로 가는 중간, 비밀의 정원에 들어선다. 주봉과 솥뚜껑바위가 올려다 보인다. 조금 더 안쪽으로 들어간다. 오른쪽 바위에 금쪽보다 더 아끼는 소나무 한 그루가 있다. 우이암을 근경으로 만경대와 인수봉, 백운대로 이어진 북한산 산성주능선을 중경으로, 멀리 보현봉에서 대남문을 지나 문수봉과 나한봉으로 이어지는 의상능선을 원경으로 삼았다. 저 첩첩한 능선과 장엄한 산들을 소나무 한 그루가 품었다. 소나무를 왼쪽에 놓고 볼 것인지 오른쪽에 놓고 볼 것인지 아름답기는 마찬가지여서 어느 하나의 구도를 선택하기가 쉽지 않다.

에덴동산에 올라선다. 낙원이다. 어떻게 이러한 장소가 가능한 것일까. 심장이 팔딱거린다. 낙원이란 부끄러움이 없는 곳이다. 아무런 옷을 입지 않은 순진무구한 본성적 자아만이 있을 수 있다. 사회적 퍼스나로서의 가면을 쓰고, 이 옷 저 옷을 입고 그럴듯하게 치장한 내 모습이 낱낱이 발가벗겨지고 만다. 속내를 들키고 마는 당혹감을 감출 수가 없다.

만장(萬丈)의 벼랑 끝에 선 명품의 소나무 오형제를 바라본다. 견뎌온 인고의 세월이 마디마디 불거져 있다. 누군가 말한 것처럼 산다는 것은 견디는 일이다. 견딤은 무릇 모든 목숨의 의무요, 존재의 전제조건이다. 우리가 느끼는 이 숨찬 아름다움을 떠받치고 있는 부정적 기제는 무엇인가? 고립, 공포, 불안, 우울, 절망, 억압 등이 아닌가. 소나무는 그러한 요소들을 견디고 극복하여 죽음의 세계를 천국으로 바꾸었다. 하지만 여기서 바라보는 자운봉과 신선대 등은 심리적 거리가 너무 가깝다. 천의 기하학으로 형성된 얼개들이 지나칠 정도로 선명하게 드러난다. 외경심과 더불어 신성이 깃든 하늘의 영역을 침범하고 비밀을 염탐하는 느낌이다. 오래 있을 곳은 아니다. 문이 닫혀버리기 전에 떠나야 한다.

오백나한의 얼굴에 번지는 미소

신갈나무, 단풍나무 숲을 지나 능선에 도착한다. 도봉산 옛 깡통집이 있던 곳이다. 그때 함께 들렀던 산우들은 다 어디로 갔나. 지척의 거리에서 주봉을 본다. 우람한 바위기둥이 한눈에 다 들어오기 버겁다. 괴량감에 오래 있기가 어렵다. 기이한 사람의 얼굴이자 해탈한 큰 바위 얼굴이기도 하다. 오른쪽 바위 테라스에 자리를 잡은 일품의 장송 한 그루도 놓칠 수가 없다. 길을 돌려 칼바위와 단박에 펼쳐진 북한산을 조망하고 관음암으로 향한다.

관음암 못 미처 또 하나의 탁월한 조망대에서 잠시 걸음을 쉰다. 볼 때마다 다른 도봉산의 모습은 말할 수 없는 아름다움 너머에 있다. 바라볼수록 첫물 든 단풍에 마음도 곱게 물드는 시간이다. 이어 관음암에 도착한다. '무학대사가 이성계를 도와 기도하던 중 굉음과 함께 땅이 갈라지며 미륵불이 용출하여 그 후 암자가 지어졌다.' 는 안내문이 있다. 둔중한 자연석이 지붕을 이룬 바위 아래 오백나한이 모셔져 있다. 가만히 보니 나한의 얼굴마다 촉광이 빛난다. 그 빛은 또한 도봉산의 하늘을 상서로운 기운으로 수놓는 석양의 놀빛이다. 나무마다 번지는 단풍빛이다. 빛과 빛들이 만나 산사를 밝히는 관음의 빛이다.

세상 물들지 않는 것이 없는 가을날이다. 뜨거웠던 만큼 단풍은 아름답다. 밤낮의 기온 차가 컸던 만큼 우리의 인내도 컸다. 그만큼 단풍이 고울 것이다. 그러나 아직은 조금 더 때를 기다려야 한다. 우리가 충분히 물들 수 있도록 조금 더 사랑해야 한다. 이 가을, 우리는 무엇으로 물들 것인가? 또 무슨 색으로 물들어 우리의 목숨을 곱게 채색할 것인가? 모든 빛의 현상은 사랑일진저.

에덴동산

미로를 헤맨 끝에 천상의 낙원에 가까스로 왔네
검무를 추던 원탁의 기사 다섯 소나무들이 미처
허공에서 칼을 거두지 못하고 동작을 멈추었네
오래전에 떨며 들었던 '파르지팔'의 무한선율이
솔바람 속에서 은은히 세상으로 꿈처럼 흐르네
너무 늦게 온 탓일까 전주곡은 벌써 지나가고
절정의 노래가 낙원의 빛으로 반짝이고 있네
오, 이 얼마나 가슴 벅찬 고요한 금빛 영광인가
일찍이 하늘이 우리를 위하여 만들어준 동산이네
죄를 짓기 전 선악을 몰랐던 시간들은 여전히
첩첩 바위의 자운봉 벼랑마다 서광으로 빛나네
신선대 흰 구름이 넋 놓고 바라보다 아차 그만 발
헛딛고 미끄러지다 겨우 절벽의 소나무에 걸렸네
아무것도 할 수 없어 무연히 바라만 보는 내게
바람은 어찌하여 뮤즈처럼 다가와 긴 머리 풀어
내 눈물을 이리도 곱게 닦아주고 있는 것일까
저 아래 천축사의 종소리가 만장봉을 치며 묻네
저 위 신의 음성으로 빛나는 은총의 고요가 묻네
물음을 한걸음에 건너뛴 봉우리와 봉우리가 묻네

그대 이제는 벗으셨는가, 몸 밖의 것들을 또한
남김없이 몸 안의 것들을 훌훌 다 벗으셨는가?

에덴동산

06_ 응봉능선에서 웅자雄姿의 북한산 그 장엄미를 보다

내가 나를 이상하게 느끼는, 나는 나의 탈자(脫者, 엑스타티콘)이다. 무언가 낯설고 생경한 시점에 와 있을 때가 있다. 왜, 이런 현상이 생기는 것일까? 어제와 오늘 분명 어딘가에 문제가 있었다. 본래의 나, 지금 현재로 돌아와야 한다. 그 시점이 오늘이다. 오늘은 가장 현시적이고, 지금은 가장 생생한 실제다. 산은 늘 잠잠하다. 물이 그렇듯, 빛이 그렇듯 인식이 투명하다는 말이다. 잠잠하고 투명하여 탈자에서 다시 '참나'로 돌아가게 한다.

비우고 채우는 진관사 마음의 정원

사랑할 때가 절정이다. 절정의 빛이 온 산에 가득하다. 계절은 아름답고, 사람들은 행복해 보인다. 그러나 '실레노스의 상자'처럼 단풍 또한 두 얼굴을 갖고 있다. 겉은 화려하지만 이면에는 쇠락을 앞둔 계절의 음영이 짙다. 겉으로 보이는 현상에만 현혹되다 보면 실상을 놓치기 쉽다. 화려한 것들이 고통을 가리지 않았으면 좋겠다. 미소가 덮고 있는 슬픔이 없었으면 좋겠다.

진관사 일주문에 들어선다. 도열한 노송들이 할아버지, 할머니처럼 편안하게 맞아준다. 아침햇살에 빛나는 단풍이 해든 한지의 창호처럼 밝다. 극락교 건너 해탈문을 지난다. 왼쪽 산언덕에 쭉쭉 뻗은 소나무 군락들이 시원하다. 찻집 연지원 지붕 너머로 응봉(鷹峰)이 날개를 펼쳤다. 문 위에 '송풍다명(松風煮茗)' 현판이 걸렸다. 솔바람으로 차를 끓이니 찻잔 속에 솔숲이 없을 리 없다. 가람을 돌아보다 법해(法海) 스님과 조우한다. 점심 공양을 마치고, 효림원에서 차담을 나눈다. 원융한 법의 성품이시다. 바다의 섬이 되어 말씀을 듣는다. 활짝 열린 창문으로 산봉우리가 들어오고 소나무 숲이 들어온다. 사방팔방 그 어느 곳으로도 시야가 열린 곳이 바다다. 그것이 마음이어야 함을 새삼 알겠다. '내가 어떤 것을 짓고자 한다면 반드시 먼저 터를 닦으라'는 귀한 말씀을 주신다.

진관사와 관련한 스님의 말씀을 개략해본다. 전신은 신혈사(神穴寺)다. 12세의 대량원군이 3년 동안 거처했던 곳이다. 진관대사(津寬大師)가 수미단(須彌壇) 아래 굴을 파고 피신시켜 자객으로부터 화를 면할 수 있었다. 그 후 대량원군은 고려 제8대 현종으로 왕위에 오른다. 자신을 지켜준 진관대사의 은혜에 대한 보답으로 사찰을 크게 세우고 진관사(津寬寺)라 명하였다. 마을 이름도 진관동이 되었다. 불사의 건립이 1011년이었으니 나이로는 천 살이 넘은 고찰이다. 조선시대에 와서는 수륙재(水陸齋)의 근본도량이었다. 세종 때에는 독서당을 세우고 성삼문, 신숙주, 박팽년 등의 집현전 학사들이 연구에 몰두하도록 하였다. 일종의 '한글비밀연구소'다. 근현대로 넘어오며 한국전쟁으로 대부분의 전각이 소실되었으나 새로운 모습으로 재건하여 옛 국찰(國刹)의 면모를 되찾기에 이르렀다.

또 한 가지 빼놓을 수 없는 것이 '진관사 태극기'다. 2009년 칠성각의 보수작업에서 독립신문을 비롯한 독립운동 관련 유물들이 발견되었다. 태극기는 일장기 위에 그려진 것이다. 현재는 등록문화재 제458호로 지정되어 있다.

최근에는 조 바이든 미국 부통령의 부인 '질 바이든' 여사가 방문하여 우리의 전통과 사찰 문화에 큰 관심을 갖게 하였다. 또한 관내의 많은 어르신들을 모시는 만개의 발우(만발공양), 템플스테이 등으로 누구나 편안하게 찾아갈 수 있는 가람이 되었다. 국내는 물론 세계로 나아가는 미래 사찰로서의 위상이 크게 높아졌다. 음식과 건물, 말씀 등 어느 것 하나 지극 정성이 아닌 것이 없다. '비움'과 '채움'의 묘리가 작동하는 고요한 마음의 정원이다.

진관능선 아름다운 단풍의 숲길

산으로 갈 시간이 많이 지체되었다. 스님께서 잠시 앞장을 서신다. 늦은 일행을 위해 길을 안내해주시는 깊은 배려다. 함월당(含月堂) 뒤편으로 진관능선으로 이어지는 길이 있다. 신갈나무, 졸참나무, 팥배나무 등이 어울려 빚어내는 단풍 든 숲길이 곱다. 길은 비교적 완만하나 화강토가 많아 다소 미끄럽다. 한동안 비탈을 오르니 시야가 툭 트이는 조망바위에 닿는다. 왼쪽으로는 응봉능선이 사모바위까지 나란히 이어지고, 오른쪽으로는 기자능선이 진관봉으로 에둘러 가고 있다.

고도가 높아질수록 의상능선 뒤에 숨었던 백운대와 만경대가 나타나고, 노적봉의 둥근 이마가 환히 드러난다. 반대로 눈을 돌리면 바늘 하나 꽂을 자리도 없어 보이는 빽빽한 도시의 집들과 밀밀한 아파트 숲은 북한산의 세계와 극명한 대조를 이룬다. 이 산 없으면 천만을 헤아리는 시민들이 어떻게 숨 쉬고 살까. 수도 서울을 환포(環抱)하며 흘러가는 저 한강이 없으면 또 어떻게 살아갈까. 서울은 북한산과 한강이 있어서 부모의 품처럼 넉넉하고 평화롭다. 부모가 있는 곳이 집이 아니던가. 누군가 필자처럼 북한산을 집으로 여기는 까닭이 있다면 그런 부성과 모성이 함께 있기 때문일 것이다. 하늘은 맑고 구름은 높으니 모두 부모의 은공이 아닐런가.

진관봉에서 향로봉 쪽으로 이동한다. 단아하게 잘 빚은 족두리봉이 반갑다. 지금은 없는 바위의 고수가 저기 붙어살다시피 했었다. 건너편으로 북악산, 인왕산이 지척이고, 멀리 관악산과 삼성산까지 시야가 맑다. 이윽고 관봉(冠峰)에 닿는다. 여기 앉아보면 안다. 일명 이 봉우리를 왜 불암(佛巖)이라 부르는지. 바로 앞의 비봉이 그렇듯이 장엄한 북한산을 한눈에 조망할 수 있는 곳이다.

바위에 자리한 명품 소나무들은 한결같이 북한산 성채를 바라보고 있다. 어떤 나무는 죽어서도 제 죽음조차 모른다. 그 마음이 부처가 아니면 무엇일까. 마음이 끊어진 자리, 앉으면 부처가 되는 자리, 관봉은 그런 자리다.

바다에 지며 나를 돌아보는 금빛 석양

비봉을 지나 사모바위로 간다. 사모바위는 양쪽에 얼굴이 있다. 왼쪽 얼굴로는 원경의 북한산 총사령부를 보고, 오른쪽 얼굴로는 서울 도심을 바라본다. 자연으로의 동경과 합일성이요, 사람과 세상에 대한 따뜻한 연민과 사랑이다. 사람을 품되 무위로서의 도를 지키고자 함이다. '도법자연(道法自然)', 도가 본받는 것이 자연이라 하였다. 사람이 자연에 가하는 인위를 경계함이다. 인위(人爲)는 작위(作爲)다. 거짓(僞)이 되기 쉽다. 사모바위가 두 개의 얼굴을 갖고 있는 까닭이다. 쑥부쟁이도 꽃을 내려놓고, 억새도 흰빛을 뿌리고 있다. 절정을 지난 가을이 가고 있는 것이다.

응봉능선으로 걸음을 옮긴다. 첫 번째 바위 봉우리에 선다. 이내 북한산의 전경에 압도되고 만다. 의상능선의 준험한 석벽과 웅장한 북한산의 주봉들이 서서히 붉은 빛으로 물들고 있다. 진관사에서 시간을 많이 보냈지만, 늦은 만큼 오늘은 분명 하늘과 땅, 바다와 태양이 준비한 장엄한 노을을 볼 거라는 예감이 들었다. 왼쪽 웨딩바위를 손잡고 내려오고 있는 한 쌍의 남녀가 보인다. 단둘이서 무엇을 서약하기라도 한 것일까. 아름다워 보인다. '야생백리향(The wild mountain thyme)', 설악에서 읊조리곤 하던 노래가 잠시 환청으로 들린다.

엷은 구름 아래로 빛 내림이 일어나고, 응봉에 닿기 전 한강 물이 용광로의 쇳물 빛으로 물들고 있다. 세상에 고루 빛을 준 해가 하루를 마감하며 처소로 돌아가는 엄숙한 제의다. 금빛으로 물든 강물은 이미 강물이 아니다. 강물이 강물을 벗어난 끝에서 바다를 얻은 지혜다. 하늘과 땅이 축복을 내리고 있다. 새들도 그걸 알고 하늘을 선회하며 오늘의 마지막 비행을 마치고 있다. 이제 충분히 놀에 젖었다. 젖어서 바라보는 것만으로도 이렇게 행복할지니 우리 모두의 복이 아닐 수 없다.

어두워진 산길에서 바라보는 도시의 야경이 따뜻하다, 측은하다. 사람은 인간에 대한 이해가 넓어지면 넓어질수록 깊은 연민과 동질감을 느끼게 된다. 반짝이는 불빛들이 아름다운 것은 시각적 이미지로서의 미(美)보다는 세상을 밀고 가며 어둠을 밝히는 한 사람 한 사람의 행위이기 때문이리라. 환한 대낮에 익숙했던 발이 자꾸만 주춤거린다. 바다에 지던 석양이 왜 그리도 깊은 시선으로 나를 돌아다보았는지를 발이 알게 되는 시간이다. 어느 때보다도 신중하고 겸손해진 시간 끝에서 세상의 길로 내려선다. 내가 세상에, 또 사람에게 한 걸음 가까이 내려서는 순간이다.

마음의 정원

그대 문득 고통의 언덕에서 눈물 구르려 하면
마실을 가듯이 삼각산 진관사 한번 가보시게나
할아버지 할머니가 손주를 맞듯 노송이 반기는
그 절 일주문 지나 극락교 건너 해탈문 있네
이미 야트막한 언덕 위 연지원 지나기도 전에
마음 괴롭히던 것들 헐떡대며 따라 오지 못하네
삼백 살 가까이 살아온 느티나무가 등을 내주고
산에서 내려온 맑은 물은 어머니처럼 손 잡아주네
솔밭에 앉아 내려놓은 이 맘 저 맘 돌탑이 되고
잠자리가 날아와 날개 살포시 내려놓고 쉬네
그래도 뭔가 풀리지 않는 것 있으면 걸어보시게
세심교 몇 번 왔다 갔다 하는 사이 달이 오르고
솔바람으로 끓인 찻잔 속에 산의 고요가 보이네
그렇게 평정을 찾기까지 한나절도 걸리지 않네
달을 머금은 가람이 천년 종소리로 어둠을 치고
고요히 번지는 미소는 둥근 향기로 퍼져 오르네
별들이 그대의 눈망울처럼 빛나는 저 하늘까지

응봉능선 사모바위

제4부

겨울, 산이 산을 품는다

– 눈꽃, 얼음꽃 장엄한 세계가 열리는 침묵의 계절

눈꽃, 얼음꽃 장엄한 세계가 열리는 침묵의 계절

모든 지혜 활동을 끝내고 이 우주를 지키는 영원한 진리, 그것은 침묵이다. 침묵은 일찍이 지구상에서 산(山)이라고 하는 형태로 나타났으며, 산은 그 자체가 미동도 없는 침묵으로 사유와 명상이 핵심을 이루고 있다. 침묵은 인간의 관점에서 보면 의식과 무의식 양자의 세계를 모두 갖고 있어서 소란할 때는 우리가 잠을 잘 때와 같이 멈춰있는 것 같지만 침묵이 갖는 무의식의 세계는 계속 활동을 하고 있기 때문에 무한한 사고를 멈추지 않는다. 그러한 까닭으로 침묵은 침묵으로서 그치는 것이 아니라 심화된 침묵으로서 침묵을 확장하고 깊이를 확보하며 우리가 그 의미를 캐기 어려운 단계로 진화하고 발전해간다. 그때마다 침묵은 사유를 통해 그을음 없는 명상의 등불을 끊임없이 인간에게 내건다. 우리가 목격하는 지혜의 빛들은 모두 침묵이 만든 것들로 우리는 그 빛들을 끌어다 지상의 어둠을 밝히고 있을 뿐이다.

침묵은 외부로부터 영향을 받지 않는다. 환경이 나빠지면 산삼이 뿌리 하나를 끊어버리고 잠을 자는 것처럼 침묵은 더 깊은 침묵으로 들어가 우리가 그 존재 자체를 알아채지 못할 정도로 의식의 수면 아래로 잠복해버린다. 그러나 잠복기의 침묵은 잠을 자는 것이 아니라 사유와 명상을 통해 만물의 본질을 보다 더 확고히 하고 그것을 깨닫게 할 뿐 어떠한 경우에도 표면으로 드러나지 않는다. 우리가 너무 많은 말속에서 말을 잃어버렸을 때 무슨 말인가를 듣고 싶어 하지만 오로지 침묵으로 답한다. 그 대신 여타가 그 말을 듣기 위해 스스로 침묵에 들어가는 것을 우리에게 가르친다. 그 순간 잠시라도 우리가 주위를 살피면 침묵하는 것들은 한 치도 흐트러짐이 없다는 것을 알게 된다. 바위는 그때 명상하고 명상은 계곡물이 되어 얼음장 밑으로 흘러 깨질 듯이 차고 시리다.

우리는 쉽게 침묵에 들지 못한다. 삿된 생각과 온갖 잡념들이 점점 가까이 밀려든다. 그럴 때면 그 즉시 정신의 맹견을 풀어 단숨에 달려 나가 의식의 울타리를 넘는 침입자를 쫓아버려야 한다. 그렇지 않으면 그것들은 필시 도둑처럼 잠입하여 영혼의 곳간에 소중히 쌓아놓은 명상과 사유의 양식들을 훔쳐 달아나버린다. 우리의 곳간이 왜 비어야 하는가.

모든 것은 지나가는 바람이다. 쏟아질 비는 쏟아지고 내릴 눈은 내린다. 외부의 소란에 붙잡히지 마라. 머지않아 진절머리 나는 싸움에 휘말리게 된다. 싸움이 시작되면 자신도 모르게 분노와 공포와 적의에 붙들리게 된다. 그는 모른다. 그가 싸워 이길 수 있는 상대가 무엇인지, 그가 싸워야 하는 대상이 누군지 모른다. 정녕 누구와 싸울 것인가? 그런 자기 물음 없이는 자신을 침묵에 붙잡아 두질 못한다.

애석하게도 오늘날 소란의 많은 부분들이 술에서 기인한다. 소위

'산 사람'의 입에서는 술 냄새 대신 '산 냄새'가 나야 한다. 청정 공간으로서의 침묵과 사유의 장(場)인 산이 술로 인해 방해를 받을 수는 없다. 산이 끊임없이 인간을 길러내고 키워 온 것은 침묵과 명상, 즉 맑음과 고요를 잃지 않았기 때문이다. 소란으로 실제적인 피해를 입는 것은 산이 아니라 스스로의 자정능력이 부족한 인간이다.

산에서 얻은 마음의 숲과 봉우리들은 소음 속에 묻혀가고 있으며 정결한 숲의 기운은 사라지고, 계곡은 인간이 폐기해버린 도덕과 양심 등으로 인해 오염되고 있다. 왜 그렇게 되었는가? '정상'에 섰다는 자만심이다. 우리 인간 중에서 과연 누가 산의 정상에 섰는가. 혹은 섰었는가? 정상에서 무엇을 보았는가. 혹여 사람이 산에 올라 그 무엇인가를 본다면 그것은 자신의 눈으로 보는 것이 아니다. 그것은 단지 산이 지닌 고유의 높이와 사유 속에서 확보한 산이 보고 있는, 산이 보여주는 극히 일부분만을 우리가 조금 보고 있는 것에 불과하다. 다시 말하면, 산이 보여주는 것을 우리는 다 알지 못한다. 성급히 보고, 너무 빨리 판단하고 말한다. 그에게서 남은 것은 여전히 그 산의 정상에 올랐다는 자만뿐이다. 누군가 그를 부추기면 한 발 더 내디딘다. 교만이라는 절벽으로.

침묵하고자 한다면 고독을 배워야 한다. 진정한 고독은 무리를 짓지 않는다. 그 홀로 움직인다. 어디까지나 그의 행동은 독자적으로 이루어진다. 그런 면에서 고독은 호랑이다. 숲과 함께 가장 깊은 곳에 은거하며 모습을 드러내지 않는다. 고독은 감정으로부터 자유로운 호랑이다. 먹이로부터 의지를 빼앗기지 않는다. 나약한 의지만

이 자주 발톱을 드러낸다. 자신을 겨냥한 총부리로부터 도망치지 않는다. 다만 사라져가는 것뿐이다. 인간의 오만에 의해 신이 내준 명상의 자리를 함부로 훼손한 이후 킬리만자로의 만년설이 사라져가듯, 이 시대에 진정한 어둠이 없어지듯 고독도 사라져가는 것이다.

침묵은 자기 안의 고독한 울음을 먼저 듣는 각성의 시간을 요구한다. 그것은 곧 정신의 독립을 의미한다. 정신이 독립된 사람은 자연의 질서와 우주의 법칙에 속해있지만, 어디에도 예속되지 않는다. 그것이 진정한 자유다. 침묵은 독립된 정신의 봉우리요, 어느 것에도 붙들리지 않는 자유로운 바람이며, 깊은 지하 동굴을 흐르는 서늘한 의식의 물이다. 하여 침묵은 전망이 자유롭고, 어느 것에도 묶이지 않는다. 붙들리지 않는다. 휘둘리지 않는다. 겉으로는 장중하나 내면은 한없이 부드럽고 깊다. 무거워 보이지만 새털처럼 가볍다. 어떤 우울과 고통의 소굴로도 들어가지 않는다. 오로지 말을 돌멩이처럼 집어 던져버리고 저 원대한 우주와 대화를 나눈다.

깊은 귀가 진리를 듣는다. 침묵 속에서 사유하는 귀는 갱도처럼 길고 깊어서 가장 깊은 광맥의 고독에 귀를 기울인다. 얕은 말과 떠도는 말들은 결코 침묵의 고막을 울리지 못한다. 침묵은 내가 아닌 타자의 존재 '대타(對他)'의 말과 행동, 의지에 움직이지 않는다. 나는 타인에게 이를 수 없다. 그 방법이 있다면 침묵이다. 따라서 침묵은 침묵의 의지대로 움직인다.

나무가 침묵 속에서 움직이지 않고 변화하고, 그 변화된 침묵이 꽃으로, 꽃이 열매로, 열매는 다시 꽃으로 바뀌는 이 놀라운 변용, 이 변용의 바탕에는 무엇이 있는 것일까? 세상에 변하지 않는 것은 없다. 모든 것이 변하는 그 이치만이 변하지 않는 불역(不易)의 이치를 깨우친 침묵이 침묵을 지킨다. 그 침묵들은 오래전에 자신을 장작불 속에 던져본 적이 있으며 얼음을 깨고 강물 속에 머리를 집어넣은 적이 있다. 혹독하게 뜨겁고 뼛속까지 얼게 하는 것이 침묵의 정신이다. 그러면 인간은 왜, 그 침묵 속에서 한순간도 견디지 못하고 뛰쳐나오는가? 인간은 모두 다리가 끊어져도 꿈틀대는 세발낙지처럼 그 욕구와 욕망을 버리지 못하는 감각의 생물체이기 때문이다. 냄새 하나로 이미 집중력과 평정을 잃어 흔들리고 마는 존재이다. 그것은 존재 자체가 갖는 본능적 욕구이기도 하지만 그 욕구가 항상 자신을 진화시키는 쪽으로 발달하는 것은 아니다. 욕구에 의한 자신의 사고활동을 어떤 인식의 동선으로 이끌어 가느냐의 문제다.

산은 폭발과 융기 등으로 자신을 창조한 이래 한결같이 침묵 속에서 사유를 중단하지 않았다. 이따금씩 세상의 소란함으로부터 자신을 지킬 필요가 있을 때는 절벽을 무너뜨려 누군가 오른 길의 흔적들을 절벽 아래로 던져버리고, 새로운 절벽을 만들며 자신의 임계점을 지나왔다. 끝없이 침묵 속에서 정신을 고양시키고 아름답고 거룩하게 변용시키는 메토이소노 작용을 멈추지 않았다. 그러한 연유로 산은 잠언이요, 시요, 경전이다.

인간으로 하여금 통증을 통해 상처를 보게 하고 정신을 경작하게 하였듯이 산은 침묵을 통해 부단히 통증의 의미를 전달해왔다. 통증이란 무엇인가. 그것은 품어 안는 것이다. 품어서 나를 돌아보게 하는 아버지다. 조금이라도 흐트러지면 그 즉시 불벼락이 떨어지는 서

릿발 같은 아버지, 언제나 내게서 일어나고 있는 위험을 먼저 감지하고 미리 알려주는 경보장치다. 내가 나에게 집중할 수 있는 시간이란 이때뿐이다. 나를 진단하는 청진기요 환부를 쪼개는 메스다.

산은 오래전에 그 각각의 이름들이 거론되고 알려져 왔으나 우리가 생각하고 있는 것보다 실제적으로는 그렇게 많이 알려진 것이 없다. 인간이 저마다 옳다고 제시한 답과 주관으로부터 멀찍이 떨어져 있다. 산이 침묵하며 고요한 이유다. 우리가 산을 찾는 것은 인간 내면의 그 침묵을 찾기 위함이다. '산은 우리에게 높이(altitude)가 아니라 태도(attitude)의 문제다.'라는 인식은 여전히 훌륭한 탁견이다. 인간의 정신에 기록되는 것은 결과가 아니라 방법과 과정에서 창조된 새로운 인식이다. 침묵과 함께 오래도록 이어온 산을 이해하려면 사람을 이해할 때와 마찬가지로 폭넓은 시각과 깊이, 절대적인 신뢰와 평정이 필요하다.

우리는 왜 고독 속에서 외로워하는가? 고독의 실체는 외로움이 아니다. 침묵이 말하는 것처럼 인간의 의미를 일깨우는 각성이 본질을 이루고 있다. 침묵은 이미 고독을 지나왔다. 고독으로부터 도망친 것이 아니라 고독으로 달려갔고, 마침내 그 고독이라는 극점을 지나 인간과 자연을 완전히 이해하고 신에 이르렀다. 사람에게 어떤 잘못이 있어도 그 결점까지 이해하고, 용서하고 포용해주는 절대적인 신뢰를 저버리지 않아 한 사람을 진실로 사랑하게 되는 순간에 이르듯 침묵은 어떤 것과도 섞이지 않아 순일함이 지켜진다. 물이 먼저 그 자신을 열어 모든 것과 섞이며 대저 만물의 근본을 이루고 다시

물로 돌아가듯이, 침묵은 여타의 모든 것과 섞이고 융화되지만 이내 침묵으로 돌아간다.

우리는 침묵 속에서 무엇을 듣는가? 자신의 내면의 소리인가, 이 지상과 우주에서 이미 말의 허상을 알고 혀를 도태시켜버린 것들의 침묵인가. 아니면, 신의 음성인가? 시끄러운 소리는 인간의 마음을 흩트려 놓는 주파수를 포함하고 있어서 우리의 정서를 산란하게 만들어 집중력을 떨어뜨린다. 고요란, 침묵의 말을 듣는 가청범위 안에 자신을 정좌시키는 일이다. 이 지구상 어디에 그런 곳이 남아 있는가. 남극인가, 북극인가, 사막인가? 다행히도 산은 우리에게 인간 그 자신을 대면할 공간을 곳곳에 만들어 놓고 있다. 사유와 명상의 장소가 어디 따로 있겠는가. 스스로 사유하고 미소 짓는 맑은 물가, 하늘 향하여 곧바로 열려 있는 고요한 바위 쉼터, 우뚝 솟은 산정의 봉우리 등과 같은 장소를 산은 아직도 우리에게 아무런 조건 없이 제공하고 있다.

그렇다면 우리는 언제부터 고요를 알고 침묵에 귀를 기울일 수 있겠는가? 정녕 청력을 잃고야 가능한 일인가? 우리의 귀는 폐광처럼 너무나 많은 것들이 소음으로 무너져 내려 있어서 우리의 생각 안쪽 가장 깊은 곳 천정에서 옥정수와 같은 물방울 떨어지는 소리를 구분할 수 있는 능력을 잃어버렸다. 시인만이 들리지 않는 그 소리에 귀를 기울이는 시대는 슬프다.

바람은 이 세상 모든 것을 다 흔들 수 있어도 침묵을 흔들지는 못한다. 생산적인 요소와 파괴적인 요소 모두를 갖고 있다. 씨앗 하나의 숨결을 틔워 들판을 푸른 물결로 변화시키는가 하면, 방파제를 부수고 해안선을 바꾸면서 발전기를 돌리고 배를 밀어주는 동력원이 되기도 한다. 이와 같이 생산과 파괴 두 가지 측면 모두를 갖고 있는 것은 자유롭기 때문이다. 어느 것에도 붙잡히지 않는다. 어디에나 존재하지만, 그 자신의 모습을 직접적으로 드러내지 않는다.

바람이 고요한 것은 침묵이 그 본디의 자리로 돌아갔을 때이다. 이런 면에서도 불멸의 바람은 항상 은유이며 직유다. 타자를 즉자로 삼아서 그 존재를 알리고 모습을 보여준다. 바람이 오면 평상시에 잘 나타나지 않던 존재들이 그 모습을 드러내는 것도 그 때문이다. 자신을 진화시켜 바람을 타는 온갖 식물들과 갖은 장치를 발명하여 하늘을 날고자 부단히 연구해온 인간도 그 자유로운 바람을 얻고자 한 열망이다. 침묵은 바로 지금까지 모든 바람의 말들을 가장 충실하게 들어왔으며 늘 그 말들 속에서 인간에게 길을 제시해왔다.

길이란 무엇인가? 제물론(齊物論)에 의하면 “길은 걸어가서 만들어진 것이다”라고 하였다. 맞는 말이다. 하지만 내 식으로 바꾸어 말하면 길은 걸어가서 사라지는 것이다. 그 길이 하나의 의미의 고리 안에 갇혀 있다면 그것은 이미 길이 아니다. 길은 좁을수록 훼손되지 않고 걸을수록 의미의 내부가 한없이 확장된다. 그렇지 않다면 우리의 걸음이 무슨 의미를 갖겠는가.

명상은 바로 그 침묵의 길을 가는 걸음의 신발이요, 사유는 설악산의 장군봉이나 천화대와 같은 거대한 침묵의 바위벽을 오르는 등반 장비로 그것을 다루고 사용하는 방법을 탐구하고 궁구하는 것이다. 무수히 생각하고 깊게 사유한 침묵의 결과물이다. 다르게 말하면 보이지 않는 침묵을 걸어간 사유와 명상이 그린 궤적이다. 그러나 그 길은 쫓아다닐수록 더 분명해지고 넓어지는 것이 아니라 흐려지고 마침내 사라지고 만다. 맹목적 쫓음으로 걸음은 길 밖으로 벗어나게 된다. 태양도 우리가 사는 이 행성에 이르기까지 최소한 약 8분 정도라는 시간 동안 지속적으로 빛을 투사하지 않으면 도달되지 못한다. 지속적으로 끊임없이 빛을 쏘아대는 어둠에의 투사가 길을 깊어지게 만든다. 분명히 존재하면서도 잘 드러나지 않는 절벽의 바윗길과 같은 길을 보여준다.

즉, 영원성에 몸 닿은 것이 아니라면 그것은 언제나 빌려온 빛이다. 달은 그 자체가 빛의 발광체는 아니지만, 우주의 어둠을 밝히기 위하여 얻은 명징한 지혜로 더 큰 지혜의 실체에서 어둠을 빛으로 치환하여 끊임없이 빛나고 있다. 우리는 그 빛을 어떤 어둠과 치환해야 하는가? 모든 지혜 활동을 끝낸 침묵이 아니고는 선뜻 대답할 수 있는 것을 찾지 못하겠다.

존재란 걸음이다. 사유와 명상 또한 침묵 속에서 걷는 우리의 정신활동이다. 걸음이 삶을 걷고 침묵을 걷는다. 앞으로 가는 발이 있고 뒤로 가는 발이 있다. 들숨이 있으면 날숨이 있듯이 우리의 생각도 그와 같아야 한다. 생각은 바로 그 들숨과 날숨 사이에서 형성된다. 생각은 그 사이에 존재하는 보이지 않는 숨이다. 숨을 통해 자연을 느끼고 삶을 이해하며 새로운 인식을 호흡하는 찰나가 얼마나 행복하고 감사한 일인가.

산에서의 걸음은 숲과 능선과 골짝으로의 순례이며 명상하는 침묵은 정신을 숨 쉬는 일이다. 최대한 가쁘게 걸어보는 것, 혼신의 힘으로 몸의 임계점까지 가보는 것, 그것은 한 호흡의 벽을 뚫는 일이다. 정신의 폐활량을 늘리는 일이다. 우리는 때로 우리 몸에게 육체의 폐로만 숨을 쉬는 것이 아니라, 정신의 폐가 역치를 바꾸면서 터질 듯한 숨이 걸음의 차원을 새롭게 바꿔준다는 사실을 알려주어야 한다. 정신과 몸이 분리된 개체로서가 아니라 혼연일체가 되어 작용할 때 우리의 욕구는 만족을 바랄 때 생기는 문제점들을 조화롭게 극복할 수가 있다.

우리의 침묵 속에서 고요함(靜)으로 환원되지 않는 말들이 있다면, 소음의 원인이 된 그 자신이 내부의 소란함을 불식시키기 위하여 최대한 자기 몸을 정신 가까이로 끌어올리도록 걷는 것이 필요하다. 우리가 일상의 관념과 습관 속에서 걸어 나오지 않는 한 우리의 몸은 정신을 쳐다보지도 않는다. 정신은 우리의 몸을 후미진 뒷골목에 팽개쳐놓고 저잣거리를 활보한다. 서로가 그 모양이 어떻게 생겼는지 까맣게 잊어버리고 만다.

산은 늘 침묵하지만 언제나 침묵 위로 솟아 있다. 우리가 아무리 멀리 떨어져 있더라도 산은 어디서나 침묵의 형상을 보여준다. 침묵을 보지 못하면 침묵 또한 듣지 못한다. 침묵 속에서는 자신의 내부에서 일어나고 있는 온갖 소리가 들린다. 항상 바깥을 보느라 한 번도 들어보지 못한 침묵이 말하는 내면의 소리다. 욕망에 대한 집착과 그 욕망이 끊임없이 만들어내는 행과 불행의 이원성으로부터 사고를 벗어나지 못하고, 보이는 것과 보이지 않는 것 사이에서 어느 한 쪽에 치우쳐 있는 한 그 자신의 소란으로 인해 산이 침묵 속에서 침묵으로 전하는 어떠한 말 하나도 깨닫지 못하고 침묵 자체를 이해하지 못한다. 이해는 머리로의 해석이 아니라 전신의 신경 줄을 흔들고 가는 온몸으로의 지각이다.

우리는 늘 바깥을 돌아다니지만, 산은 자신을 한 발자국도 벗어난 적이 없다. 산은 무심으로 한순간도 흔들리지 않는다. 어떠한 것에도 영향을 받지 않고 오히려 영향을 준다. 시비와 분별에서 벗어나 있으며, 선과 악의 너머에 있다. 만약 그것을 부정한다면, 지금 그가 한쪽에만 서 있기 때문이다. 한번 곡해된 의식과 사고는 구부러져 자라는 나무와 같이 점점 그 몸피를 불려간다. 뿌리를 받아준 대지와 그를 자라게 하는 흙과 물속에는 그를 왜곡되게 만드는 아무런 요소들이 들어있지 않다. 자기중심적인 생각이 지극히 객관화되었다는 착각과 함께 범우주적인 진리를 자기 마음대로 해석하여 그릇된 사고를 억지로 정당화시켰기 때문이다. 그는 우렛소리마저도 듣지 못하거나 내리치는 번개조차도 보지 못한다.

인간은 약물로만 중독되거나 환각 상태에 빠지는 게 아니다. 잘못된, 즉 심각한 오류를 범한 이성과 침묵의 핵심이 없는 답습된 지식과 사고는 우리의 인식을 흐리고 어둡게 하여 줄곧 마야(maya)라고 하는 환(幻) 상태를 벗어나지 못하게 한다. 산은, 늘 침묵이 가르치려고 하는 '가장 큰 것은 가장 작은 것 속에 들어있다'는 진리를 깨우치게 하려 하지만 소란을 멈추면 다시 나타나는 침묵에의 금단현상으로 이내 소란에 빠져 그 말을 듣지 못한다.

한때 지구상에 빙하기가 닥쳐 유일하게 침묵이 전면에서 이 세계를 다스렸던 이후 고대의 아침에 처음으로 등장한 인간이 침묵함으로써 위대했던 것은 인간으로 하여금 신을 발견해냈다는 것이다. 그러나 신은 그 후로 다시 인간이 오만해진 것을 알고, 침묵과 함께 소란이라고 하는 이 세계의 무대 뒤편으로 사라진 것이다. 인간이 자기들 편의대로 아무 때나 머슴을 불러 심부름을 시키듯이 자신을 밤낮없이 부르는 것에 대하여 고통이 정신을 경작한다는 것을 다시 일깨우려 침묵 속에서 언제나 응답했지만 조급해진 인간은 그 못된 성질머리를 버리지 못하고 있다. 나아가 자기들 나름의 이상한 신을 만들어내고, 급조해낸 그 신이 자신들을 지켜줄 거라는 막연한 기대감 속에서 그것이 우상을 숭배하고 있다는 사실조차 모르면서 신의 음성을 잃어버린 이후로는 침묵에 귀를 기울이는 일을 좀처럼 찾아볼 수 없게 되었다.

인간의 염과 원을 포용하고 수용하는 것은 신의 침묵 안에서다. 침묵하지 않고는 신은 들리지도 보이지도 않는다. 인간은 세상이 시끄럽기 이전의 그 옛적에 정결한 침묵을 통해서 신의 침묵을 들었고, 그것을 경전으로 압축해 놓았다. 모든 기도와 염과 원은 침묵에서 나온다. 침묵은 신의 집이다. 그 집에서만 우리는 듣고 본다. 자신이 찾고 바라는 그 존재의 실상을. 모든 존재는 실재하는 그 순간부터 아니, 이미 그 오래전부터 존재하고 있는, 이미 사라져버린 그 모든 것들과 어떤 관계가 형성되어 있다.

우리가 자신에 대하여 깊은 성찰을 하는 것은 먼저 나와 관계 맺어진 이 세상의 모든 사물과 사람들에 대한 의미의 그물망을 들여다

보기 위함이다. 한 올을 건드리기만 해도 흔들거리는 거미줄의 망처럼 내가 한 번 기침을 해도 그 파장은 분명 다른 무엇인가에 전달되고 물방울 한 방울이 호수에 떨어져도 그 파문은 틀림없이 또 다른 존재에게 물결이 되어 파동으로 전해진다. 단지 우리는 그것을 잘 느끼지 못할 뿐이며 무시하기 때문에 직접적으로 와 닿지 않는다.

존재는 항상 우리가 알고 느끼고 생각하는 그 이상의 복잡하고 미묘한 차원의 세계에 놓여있다. 아무리 멀리 떨어진 섬이라 할지라도 그것은 어디까지나 바다와 연결되어 있다. 바다는 육지의 연장이고, 육지는 바다의 한 부분이다. 나아가 지구는 태양계 그 너머 무한한 우주와 연결되어 있다. 과연 우리의 크기는 얼마만 한 것이고 서로 간의 거리는 어느 정도 떨어져 있는가? 침묵하지 않고는 그 크기와 거리를 가늠조차 할 수가 없다. 침묵은 우리가 우리의 본질을 지키는 가장 근원적인 수단이자 방법이다. 우리의 마음이 그 본질을 지키고 있는 한 황금 덩어리가 자석에 끌려가지 않듯이 우리의 마음도 그 어느 것에 끌려가지 않는다.

그러나 오래도록 침묵의 가치를 훼손하고 폄하하는 것이 있다. 무지한 편견이다. 편견은 탱크다. 좌충우돌 물불을 가리지 않는다. 침묵의 언어가 만들어놓은 현묵한 문장들과 아름다운 풍경들을 훼손시킨다. 누군가 굳게 닫힌 그 뚜껑을 열고 각성의 화염병을 집어넣어 몸체를 폭발시켜 쇳덩어리를 산산조각내지 않고는 무소불위의 횡포를 멈추지 않는다. 편견이야말로 고대에서부터 오늘에 이르기까지 폐기되지 않는 가장 오래된 형식의 재래식 중무장 화기다. 우리의 침묵 속에는 그 화기가 우리의 사고를 사유의 땅에서 내몰고 파괴시킨 그 연원을 생각하고 회복하는 방법을 모색하는 부분도 포함되어야 한다.

침묵은 정지된 것이 아니다. 사유하고 명상하기 때문에 미동이 없을 뿐 끊어지거나 멈춘 것이 아니다. 그러나 사람들은 대부분 단순히 말을 하지 않는 것을 침묵으로 생각하며, 그 침묵은 상대방에 대한 거절과 차단의 방어막으로 여겨 침묵의 뜻을 왜곡하고 편견이라는 자물쇠에 자기 자신을 가둔다. 그것도 모자라 이 우주를 지배하는 광대한 침묵과 본성을 찾아 끊임없이 성찰하는 침묵 앞에서는 쉽게 돌아선다. 그들은 침묵 자체가 농아인 줄 안다. 농아는 우리가 알고 생각하고 있는 것보다 훨씬 더 침묵의 의미를 깊이 알고 있고, 신 가까이에 있다. 그들의 몸짓은 전혀 과장된 것이 없고, 손짓 발짓 하나하나가 우리가 쉽게 말해버리는 백 마디의 말보다 의미의 전달이 정확하고 절절하다. 그렇지 않다면 결제에서 해제에 이르기까지 침묵 하나로 화두를 붙들고 있는 스님들은 모두 말과 소리를 잃어버려야 될 일이 아닌가. 하지만 침묵 속에서 화두를 버리고 별러, 화두를 버리고 버려 마침내 어떤 깨우침을 통해 침묵 속에서 새로운 말을 얻어 다시 태어나지 않는가. 그러나 우리는 그런 침묵 앞에서 오히려 우리 자신이 실어증에 걸려 돌아서기 일쑤다. 그 순간 소통의 단절과 더불어 존재의 부재로 다가온다. 나무도 그 이파리를 내밀어 자연과 교감하고, 바위도 거대한 침묵으로 위대한 사상과 교류한다. 인간에게도 의식과 사고의 단절은 고립을 뜻하며, 그 고립은 마침내 존재의 부재 상태에 이르게 된다. 그 의식과 사고의 출구가 없을 때 폐쇄적이고 파괴적인 기형의 형태로 심리가 왜곡되거나 굴절되고 만다. 출구를 찾는 것, 그것이 단절된 소통에 대한 고찰의 형태가 침묵으로 나타난다. 우리가 눈빛을 교환하며 주고받는 말들이나 시와 경전들은 침묵을 더 맑고 깊게 만들어주는 청정제 역할을 한다.

우리가 산을 간다는 행위는 산이 보여주는, 혹은 보여주지 않는 그 현상과 내면의 침묵 속으로 걸음을 걷는 것을 의미한다. 자신의 보폭에 맞게 생각과 사고를 재구성하며 걷는 침묵의 걸음은 자기의 삶에 대한 고요한 성찰이며 산을 체계적인 사유로 전환하여 그것을 삶에 옮겨오는 실현방식이기도 하다. 걸을수록 생각은 투명해지며 사유와 침묵은 깊어진다. 마침내 먼 어둠 속 별빛 같은 하나의 광원을 만나게 된다. 걸음은 그렇게 안일에 정주하지 않는 깨어있는 정신으로 광원을 만나러 가는 과정에서 육체를 경작하기 위한 최소한의 노동활동이다. 그 노동 속에서 산은 책으로 바뀌며 '산'이라는 책이 정신을 경작하기 시작한다.

저울추는 달고자 하는 그 무게의 종류와 관계없이 정확히 눈금을 가리킨다. 편견으로부터 자유롭고 시비로부터 흔들리지 않는다. 늘 침묵하며 옳고 그름을 의혹을 가진 사람에게 확인하게 하고 말하게 함으로써 의혹을 씻어낸다. 산은 바로 사람들의 공허한 걸음 속에 지나치는 그와 같은 침묵의 문장들을 보여준다. 우리가 소음만 만들어내는 낡은 기계화된 걸음이 아니라면 그것들을 그냥 지나칠 리가 없다. 땅이라고 하는 것이 개별적인 지주들의 욕망과 집착이라는 명의로 분할되어 있지만 대지는 그 누구에게도 소유권을 인정하지 않는다. 즉 소유 당하지 않는 열린 귀와 깨어있는 마음을 가진 이에게 육체와 정신을 경작하게 하는 그 문장들을 풍경을 통하여 보여주고 그 뜻을 알고 가는 이에게 소유권을 부여한다. 마음과 정신을 산에 등재하는 자에게 그 권리를 인정한다. 그것이 산의 뜻이요 자연의 이치다.

우리가 다만 잠시라도 산을 듣고자 한다면 산의 침묵에 귀를 기울여야 한다. 그러면 자신의 침묵에 산이 귀를 기울일 것이고, 산에 대하여 명상하면 산이 또한 그를 명상할 것이다. 읽은 책을 무릎에 올려놓고 그 의미들을 어루만질 때 생이 깊어지고 따뜻해지며 시야가 트여 멀리 바라볼 수 있듯이 산의 침묵을 듣는 이는 비로소 독립된 정신의 봉우리에 올라 산하를 굽어본다. 마침내 별이라고 하는 신들의 맑은 눈빛, 인간의 시야가 쫓아가지 못하는 어둠 속에서 우주를 가로지르는 신의 눈빛, 암흑 속에서도 우리는 모두 숨을 곳이 없음을 알게 된다.

침묵은 앉아서 천체를 보는 망원경의 눈이요, 눈을 감고도 우주를 듣는 귀다. 침묵은 때로 가사상태의 죽음도 되살린다. 몸을 잘린 나무가 계절을 버리고 독하게 안으로 궁구하여 마침내 토막 난 육신을 살리고 새순을 틔우는 그 침묵처럼 절망의 그루터기에서 희망의 싹을 틔운다. 그때 침묵은 알 속의 부화되는 병아리처럼 뜨지 않고도 보는 눈이요, 열지 않고도 듣는 귀이며, 생각이라는 막대기를 내려놓은 면벽한 달마이다. 그러나 사람들은 늘 손에서 막대기를 내려놓지 못하고 꽉 쥔 채 끊임없이 휘저어 스스로의 탁도를 높이고 한 그릇 물의 깊이를 한 치도 가늠하지 못하는 시각의 허상과 망상에 붙들려 찰나에도 수십 번씩 감정의 기복이 생기고 들끓어 좌불안석이다. 늘 조급하고 초조하다. 흙탕물은 가라앉아야 한다. 시간을 필요로 한다. 마침내 맑은 물이 유리잔에 담겨 명상의 모습으로 고요해졌을 때 가려졌던 수심이 열린다. 그때는 아무리 물이 소용돌이를 일으켜도 흙탕물이 일지 않는다. 침묵은 벌건 흙탕물을 여과시키고 침전시키는 동시에 퇴적층을 만들어 샘물을 솟아나게 한다.

침묵해야 한다. 맑은 고요가 투명하게 수심을 드러내듯 어둠 속에서도 환히 존재하는 것들을 올연히 볼 수 있을 때까지. 그렇지 않고는 '마음'이라는 강을 누가 쉬이 건너갈 수 있겠는가. 강물이 다 마르고 모든 물기가 증발한 그 사막을 또한 어떻게 건너겠는가. 그러나 사막은 일찍이 침묵의 시기를 지나왔기에 사막은 항상 낙타를 기다린다. '낙타'라는 정신은 사막을 늘 제 고향으로 여긴다. 모래바람이 불어서 낙타의 발자국을 지우는 것은 사막이 낙타에게 베푸는 극진한 예우다. 사막은 오로지 처음부터 끝까지 낙타의 첫걸음을 기다릴 뿐이다.

우리가 깊은 침묵에 들고자 한다면 침묵의 표면에 들었다 하더라도 감정과 생각에 붙들리지 말아야 한다. 감정과 생각은 때로 우리를 풍부하게 만들어주고 깊어지게 하지만 좋지 못한 부정적인 감정과 출구 없는 생각에 붙들리는 순간 발걸음은 바닥에 닿을 때마다 접착제가 달라붙어 떨어지지 않는다. 겨우 떼어냈다고 생각하는 순간 다시 늪에 발을 들여놓게 된다. 숲으로 난 오솔길을 걷듯 마음이 그렇게 걸어가게 해야 한다. 그럴 때 비로소 바람 한 줄기에도 기쁘게 춤추는 나뭇잎을 보게 된다. 도대체 이 세상에 무엇이 근심이란 말인가? 왜, 근심에 붙들려야 하는가. 나무와 풀들은 제각각 자기의 자리에서 한 발자국도 자신을 찾으러 밖으로 돌아다니지 않고 자기만의 고유한 색깔과 향기로 꽃을 피우는 내면적 기쁨의 환희를 구가하고 있지 않은가. 자기감정과 생각의 손에 든 그 막대기를 집어 던져라. 자꾸만 휘젓지 말고.

침묵, 그것은 신의 얼굴이다. 누가 신을 보았는가? 누가 침묵을 보았는가? 우리는 신을 보기 전에 먼저 침묵을 보아야 한다. 침묵에는 모든 것이 다 들어 있다. 침묵은 우리가 한 번도 본 적이 없는 그 신을 대면하는 일이다. 침묵의 얼굴, 그 얼굴이 가진 눈과 귀와 코와 입을 통하여 진정한 신을 발견해내는 것이다. 무턱대고 자기 임의대로 생각하고 그린 것을 본다면 그것은 이미 하나의 곡두에 불과하다. 침묵은 아주 깊고 깊어서, 더는 변색되지 않을 만큼 검고 검어서, 희고 희어서 고도의 명상과 사유를 통하지 않고서는 그 실체를 알 수가 없다. 고드름 하나가 자신을 얼리고 자신을 다시 녹이는 그 반복된 과정을 통해서, 꽝꽝 언 빙폭이 모든 소음을 차단하고 안으로 파고 들어간 그 빙점 너머에서 마침내 가장 안쪽으로 흐르는 따뜻한 물을 만나듯 자신의 시간을 성찰하고 사색하지 않으면 아무리 많아도 얼어붙은 물처럼 마실 수 없는 것과 다르지 않다.

침묵은 가장 큰 사유의 집이요, 먼 것을 가까이 끌어다 보는 망원경이며, 가까운 것을 현미경으로 그 내부를 세세히 보는 확대경이다. 침묵의 내부는 소리도 없고 형태도 없으며 아무것도 없으나 모든 감각이 첨예하게 만나고, 정신과 이성이 몽골의 유목민들처럼 가장 밝은 눈을 갖고 있어서 지평선 사이에 놓여 있는 것들을 정확히 식별한다. 침묵은 인간이 역사 이래로 지금까지 주관적으로 내린 각자의 답으로부터 가장 멀리 떨어져 있어서 아무도 가지 않은 공(空) 속의 길과 같다. 겉으로 드러난 외관적인 길은 이내 훼손되어 그 길의 의미와 기능을 상실하게 되지만, 보이지 않는 길들은 모두가 침묵 속에 있어서 어떤 일각이 그 길을 갔다 하여 저잣거리의 길처럼 오염되지 않으며 오히려 더 깊어지고 그 흔적이 표시 나지 않는다.

산은 어느 것 하나 침묵 아닌 것이 없다. 그 침묵의 안쪽에서 만들어 낸 것이기에 물소리가, 바람 소리가, 햇빛을 모으러 손을 내미는 나무들의 이파리가, 꽃잎을 열어 꿀벌을 불러들이는 향기로운 언어가 말해주는 것처럼 모든 것이 맑고 순수하다. 산에서 만나는 크고 작은 봉우리는 모두 침묵이 만든 사유의 봉우리다. 이미 누군가 내린 오래된 정의와 개념과 정답으로부터 한참 떨어져 있는, 독도 약도 주입되지 않는 패각 없는 정신이다. 명상과 사유 없이는 침묵으로는 한 걸음도 들어가지 못한다. 그 독립된 존재의 봉우리에 올라 아무런 전망을 내다보지 못한다.

우리의 사유는 명상의 반석에 앉으면 앉을수록 정신의 만년설을 쌓이게 하여 신으로 하여금 다시 그 자리에 앉도록 만들어주는 것이어야 한다. 신은 망하지도 않았고, 더군다나 죽지도 않았다. 우리가 한시도 조용하지 못하고 소란에 떨어져 있음으로 가장 아름다운 시기를 놓쳐버리고 그때를 그리워하며 자기 안에 오지도 않은 신을 내쳐버리고 우리가 신을 경원시하거나 맹목에 붙들려 있는 것이다. 신은 더 깊은 침묵 속에서 우리를 보고 있다. 흙탕물 가라앉고 부유물 떠내려간 후 물고기 비로소 보이는 것처럼 신은 그때를 기다리는 것이다. 존재 자체가 미지여서 더욱 침묵하는 나와 더불어 침묵은 그 자신 또한 맹신론자가 아니다. 신이란 천상에 존재하는 절대자가 아니라 자기 마음속에 있는 감정으로부터 객관성을 잃지 않는 또 다른 자신의 자아요, 자아를 떠받치는 다르마이다. 그 다르마는 자기 안에 있으며, 마음 자체가 신이다.

누가 자신을 내쫓는가? 누가 신을 내쫓는가? 한 번 잘못 생각하면 영원히 자기 곡두에 붙들려 평생 그 곡두의 노예가 되고 종이 되어 살게 된다. 진실로 나를 극진히 섬기는 것 그것이 신을 섬기는 일이다. 비로소 신이 나를 섬기게 만드는 일이다. 이 모두는 침묵의 산이 주는 말이다.

침묵은 인간의 계절 중에서 겨울에 해당한다. 그것은 이 지상에서 월동기를 보내는 적설의 눈처럼 사유의 한 줄기 설연을 일으키며 높은 산 저 멀리 푸르게 열린 무한의 하늘 너머 우리의 마음과 정신이 우주와 소통하는 희고 순수한 무염(無染)의 계절이다. 아울러 빙폭의 두꺼운 얼음처럼 차가운 자신의 내부에서 혹한을 온기로 바꾸며 푸른 생명을 기르는 참으로 오래도록 길고 삼엄한 선(禪)의 계절이다. 그러한 계절 속에서 우리가 만들어냈던 지상의 모든 소음들이 말끔히 여과되어 고요의 그 본질로 환원된 봄이 우리에게 도래되는 것이다. 그 봄을 지나 열리는 여름, 여름은 '열다'가 명사화된 말이라 하지 않았는가. 열정과 사랑, 인식의 문을 열어 모든 존재하는 것들이 왕성한 창조와 생명 활동이 이루어지는 계절, 그것이 여름이다. 가을은 무엇인가. 열매들이 가야 할 곳, 그것을 생각하고 사유하고 명상하며 비로소 침묵의 집에 이르는 거둠의 계절 가을을 지나 지금 우리는 침묵의 겨울에 이르렀다.

우리는 지금까지 봄, 여름, 가을, 겨울 사계가 내포하고 있는 인간 삶의 실존적 원리와 이치를 '산'이 갖고 있는 정(靜), 동(動), 사(思), 묵(默) 등의 계절적 본성에 비추어 그 나름대로의 특성에 따라 사람의 사계를 계절의 순환적 질서에 따라 그 의미를 고찰해 보았다. 우리는 더러 어떤 이유로 자기의 한 계절을 잃고 사는 경우가 있다. 그 순환적 우주 질서가 오행에 따라 자기 안의 삶의 질서로 자리 잡아 치환되기까지 치르는 고통의 날과 불면의 밤들이 있어서 내일의 태양을 기다리고, 더욱 짙어진 어둠 속에서 더욱 멀리 빛나는 형형한 별들을 볼 수가 있다. 땅의 지도와 하늘의 천도는 모두 우리가 지나온 미지와 어둠의 결과물들을 내포하고 있다. 우리는 우리가 맞닥뜨린 미지와 어둠에 한 번도 빠지지 않았다면, 우리는 여전히 지도에 갇히고, 천도에 갇혀 그 미로를 헤맬 수밖에 없는 것이다. 우리가 걸음을 걷고 있다 하여 그것이 모두 길이 되는 것은 아니다. 자기가 굳게 믿은 그 길은 때로 자신을 미궁에 빠뜨리고 그 미로에 스스로가 갇힐 수도 있다는 것을 인정해야 한다. 한 번쯤은 지금까지 걸어오며 만들어진 지도를 버려야 한다.

이제 이 산을 나감으로써 침묵의 바깥으로 나가야 한다. 침묵은 인간과 신이 만나는 공유지대다. 침묵은 신과 같이 초월적인 세계에 속하기도 하면서 인간의 영역에도 속한다. 즉, 우리가 초월적인 그 세계, 신의 세계를 알고 싶다면 우리가 손에 흙을 묻히지 않고 도자기를 빚을 수 없는 것처럼 우리도 어느 만큼은 신의 일부가 되거나 동화되어야 한다. 침묵은 시각과 생각의 관점에 따라 그 무엇이 될 수도 있고, 아무것도 아닐 수가 있다. 침묵은 바로 우리가 현상계에서 일어나고 있는 일들에 대한 성찰과 사유를 통해 초월적 세계를 이해하고 우리의 정신과 인식의 영역을 넓혀가며 깊이를 확보하는 일이다. 인간에게는 누구나 신성이 깃들어 있다. 손이 닿지 않는 곳, 어둠이 가장 짙은 곳, 빛만이 보는 곳, 그런 곳들이 신성이 남아 있는 곳이다. 우리의 지혜와 지식과 인식이 인간의 키를 높여주어 시각을 확장시켜준 것도 사실이지만 우리가 넓게 보기 시작하면서 깊이를 잃고, 다면화된 본질의 허상에 붙들리면서 순수성을 함께 잃어버렸다. 그것을 찾기 위한 겨울 산의 침묵, 그 침묵은 이미 세 계절 동안 사유를 경유해 왔다.

산은 조금도 흔들림이 없다. 흔들림이 없어서 그 자체로 세계를 흔든다. 침묵에 사유가 없다면 고요가 없고, 고요 없이는 침묵은 어떠한 것도 비춰낼 수가 없다. 침묵이 이와 같이 사유와 명상, 맑은 고요가 있기 때문에 수면 아래서 수면 위의 전 방위를 보는 전지적 잠망경이요, 우리의 앞뒤를 동시에 볼 수 있는 입체의 전신거울이다. 언제나 신의 음성을 듣는 것은 청정한 침묵뿐이다.

지금 다시 눈꽃의 만다라가 펼쳐지고 있다. 침묵의 눈발은 골짜기를 가득 메우고 그 침묵 안에서 봄을 바라보고 있는 만물은 사유 아닌 것이 없다. 사유는 저렇게 명징한 침묵 속에서 두꺼운 얼음장 꼭꼭 여민 제 육신마저도 스스로 녹이는 힘이 있다. 지금까지 내가 찍어온 발자국과 말들은 다 어디로 가는가? 이제 저 샘물처럼 흘러야 한다, 침묵의 샘을 나온 사유의 물이 비로소 발원지를 떠난다. 모든 침묵을 적시고 적셔서 여전히 적설 깊은 영원한 침묵 속으로.

눈꽃 얼음꽃 침묵이 꽃피우는 화엄의 계절

01_ 비봉의 첫 햇살, 순수비를 읽다

경험적 체득이나 실존적 사유는 발견의 세계로 존재를 이끈다. 손과 발이 움직이지 않는다면 감각도 정신도 그 최전선은 붕괴된 것이다. 메말라 멸실된 감각으로는 사물을 제대로 지각할 수 없다. 만지고, 보고, 냄새 맡는 과정을 통해서 사물은 온전히 내면으로 들어와 세계를 모으며, 나는 그 세계의 주인이 된다. 그럴 때 포착되는 의미와 가치들은 나에게서 세상으로 나아간다. 이러한 환입과 환원 과정을 통해서 사물이 사물로서 나와 고립되지 않는다.

금석문을 만나러 가는 새벽길

달이 밤새 먼 길을 왔다. 늘썽해진 걸음만큼 호박골다리를 건너는 잠이 덜 깬 마을버스도 걸음이 느리다. 어려웠던 시절 주로 호박을 재배하여 내다 팔았던 데서 유래한 '호박골'이라는 지명에서 팍팍한 서울살이가 문득 친근하고 정겹게 느껴진다. 어디서나 삶은 척박한 자신의 영토를 개간하지 않으면 그마저 묵밭이 되고 만다. 우리의 삶은 크고 화려하고 달콤하기보다는 고달프고 작고 눈물겨울 때가 많다. 고통과 슬픔의 박토를 온몸으로 일구어서 우리의 영혼이 가난함을 벗어나 아름답게 빛날 수 있음이다.

된비알을 힘겹게 올라선 버스는 종점의 깜깜한 어둠 속에 우리를 대책 없이 부려놓는다. 랜턴 하나가 비추는 어둠은 너무 두텁고 깊다. 그러나 빛이 실낱 하나의 크기라 할지라도 빛은 그 자체가 길이다. 달빛이 그림자를 만드는 능선에 올라선다. 인왕산과 안산자락 아래로 꿈꾸고 있는 듯 졸고 있는 '민초'라는 불빛들, 바라볼수록 아리다.

탕춘대성 암문을 지나 향로봉 아래에 이르기까지 솔잎을 밟고 가는 내내 솔향이 은은하다. 명징한 달빛, 시린 별빛 하늘은 또 어떤 하루를 준비하기 위하여 저토록 고요하고 깊은 것일까.

아침햇살에 빛나는 진흥왕순수비

적층의 어둠을 읽느라 더디 오던 찬찬한 걸음, 빛은 저렇게 항상 어둠을 경유지로 삼는다. 빛이 나가는 방향은 진리가 있는 곳이며, 진리는 언제나 어둠의 뒤편에 있다. 중첩된 산의 파도 저 너머 완고하던 어둠들이 용광로의 쇳물 같은 빛에 연소되어 검붉게 타더니 마침내 하늘의 마루금을 단숨에 뚫고 솟아오르는 저 눈 부신 태양!

여명을 가로질러 도착한 숫햇살은 제일 먼저 비봉의 진흥왕순수비를 비추며 정독에 들어간다. 우리가 미처 다 판독하지 못한 풍우에 잃어버린 글자와 세계는 물론 오독한 의미들을 다시 읽으며 그것들을 온 누리에 빛으로 뿌리는 엄숙하고도 장엄한 일출이다. 저 빛이 있어 세상의 어둠은 물러가고 길이 사방으로 트인다. 이 비봉이야말로 상처 많은 순수비와 자유로운 전망을 통해 당면한 여러 가지 난

제들을 풀어갈 해법을 발견할 수 있는 곳이다. 오늘을 살아야 할 우리 현대인들과 드넓은 전망을 열어서 무궁토록 우리의 역사를 이어가야 할 미래의 세대들에게 그 지혜를 얻는 상징의 장소이기도 하다.

신라는 100여 년 넘게 이어온 나제동맹을 깨고 한강 유역을 차지하게 된다. 그럼으로써 경주라는 지방의 한 작은 국가를 탈피하여 삼국통일의 위업을 이룰 수 있었다. 그 해법은 바로 이 비봉이 주는 사방으로 탁 트인 전망 덕분이었는지도 모른다. 가까이는 북악산과 인왕산, 안산, 멀리는 검단산에서 남한산과 관악산, 또 한강 저 너머 바다까지 한눈에 조망된다. 전망이 자유로운 시야, 신라는 그것을 확보하고 그 기개와 정신을 화랑도에 새겨 대업을 달성할 수 있었다. 그러나 드높이 세웠던 우리 고대사의 정신은 간헐적으로 분출할 뿐 오늘날까지 유장하게 흐르지 못하고 있다. 반복되는 역사 속에서 연암 박지원이 발견한 마음껏 울음을 울어도 좋을 천이백 리 요동 벌판의 호곡장(好哭場)을 직접 밟아볼 수도 없는 현실이다. 저 드넓은 우리의 옛 영토를 회복하기는커녕 정쟁과 분파 속에서 분단의 벽마저 허물지 못하고 있지 않은가.

그렇지만 이 북한산 진흥왕순수비는 여전히 우리에게 세계로 나아갈 해법과 비전을 제시하는 하나의 상징으로 우뚝함에 조금도 모자람이 없다. 이 비를 통해 잃어버린 역사와 퇴색해가는 정신을 바로 세워 금석으로 새기고 그것을 영원히 세상에 전하고자 하던 이가 있었으니 우리의 역사가 그를 얻은 것은 참으로 크나큰 복이 아닐 수 없다.

비봉을 오르는 것은 우리의 역사 이래로 누구도 가질 수 없는 고봉

준령과 같은 탁월한 안목을 만나는 일이다. 천길만길 깎아지른 벼랑 위에 봉우리로 우뚝 선 돌올한 그를 만나는 일이기도 하다.

1816년 7월 추사 김정희는 김경연과 함께 이곳 비봉에 올라와서 이 비가 진흥왕순수비임을 밝혀냈다. 다시 약 1년 후인 1817년 6월 8일에 조인영과 함께 남아 있는 68자를 조사하여 정했다는 각자(此新羅眞興太王巡狩之碑丙子七月金正喜金敬淵來讀, 丁丑六月八日 金正喜, 趙寅永 審定殘字六十八字)를 비석의 측면에 새겼다.

그는 진실로 마모된 역사의 오류를 더듬어 그 실체를 밝히고, 실체의 원형을 탁본으로 떠서 만천하에 진실을 분명하게 드러내었다. 그로써 우리의 정신을 다시 한번 푸르게 일으켰다. 삼국의 그때보다도 더 복잡하고 변화무쌍한 국제사회 속에서 우리 민족 미래의 향방을 가늠해볼 수 있는 진리의 빛과 지혜의 열쇠를 우리에게 전해준 것이다.

비봉의 진흥왕순수비는 단순히 옛 역사를 밝히는 오래된 열쇠가 아니다. 우리 민족 미래의 역사를 여는 새로운 열쇠로 작용할 때 국보 제3호로서의 그 진정한 가치를 발하게 될 것이다.

승가사 마애불 백미의 미소

언 몸으로 비봉을 내려와 사모바위로 향한다. 조선시대 관리들이 머리에 쓰던 사모(紗帽)를 닮았다 하여 붙여진 이름이다. 시인과 화가는 충분한 미적거리를 유지하고 마음에 베끼며 다시 그것을 재구성하는 시간에 들어간다. 속사(速寫)이면서 자유로운 리듬에 따라 물 흐르듯 이어지는 여여한 붓놀림, 바람과 벼락의 운필 속에서 사모바위는 비로소 그 원형적 모습을 드러내어 비봉과 화답하며 기운 생동하는 모습으로 눈을 뜨고 영원을 얻는다.

이제 승가사로 보물 제215호인 고려시대의 마애불을 보러 갈 차례다. 승가사의 백미(白眉)는 바로 저 백미 — 뉘 하나 없이 흰쌀을 쏟아내는 백미(白米)의 미소가 영세한 우리 영혼의 양식이 되는 조금 전에 막 우리가 점심을 먹은 공양간의 백미(百味)요, 사유의 깊이에 따라 사람의 마음을 홀리게 만드는 백 가지 고운 자태로 모습을 시시각각 바꾸는 백미(百媚)의 형상으로 백 가지 미소를 짓게 만드는 일백미소(一百微笑)의 백미(百微) —다. 세상의 물질적 크기와 화려함을 지그시 누르고 돋을새김으로 드러나 희디희게 세상으로 번지며 미망을 부수는 돈오의 빛이다.

이제 나는 무엇으로 산을 내려가야 하는가? 비봉능선에 은은히 울려 퍼지며 소리 없는 것들의 적묵한 시간을 치며 산그리메(멀리 아스라이 파도치는 산 너울) 너머로 멀리 가는 종소리의 파동인가, 아니면 쉼터의 커다란 귀룽나무 그 오랜 겨울 안거가 끝나는 날까지 화두와 법문을 함께 실어다 주며 일제히 개화할 향기로운 흰 꽃을 피우게 하는 약사전을 떠나 세상으로 내려가는 샘물인가?

산 밖으로 나가기까지 절문을 나서서 산을 내려가는 길에는 어느 신심 깊은 불자보다도 청정하고 무구하고 무심하고 무정한 나무들이 그렇게 말없이 묻고 있었다.

사모바위

누가 벗어놓은 것인가
이제는 아무도 들 수도 없고
써볼 수도 없다
저 예모
새로운 주인을 기다리나
아직은 오지 않았다
어둠 첩첩했던 이백 년 전
비봉에 올라 황금의 첫 햇살로
비석에 이름을 새겨놓고
홀홀히 떠나간
그를 사모할 뿐이다
그의 정신의 무게를 아는
저 요지부동의 바위만이

비봉 진흥왕순수비

02_ 산성주능선의 조망, 삼엄한 고독을 보다

혼자 있을 수 없다면 독립적인 세계도 없다. 혼자 있을 때 자유롭다. 그래야만 세계를 보고 세계를 얻는다. 고독하지 않고 어떻게 자신을 보랴. 그 고독한 자신으로 봐야 삼엄하고 장엄한 침묵의 세계가 보인다. '혼자'라는 것은 두려움이기도 하다. 하지만 그 두려움을 떨치지 않으면 자기 세계는 없다. 자기의 정체성과 색깔, 목소리는 얻어지지 않는다. 닭이 알을 낳을 때도 혼자다.

구기계곡의 깨지지 않는 은빛 고요

신설 속에 묻힌 차고 시린 구기동 골짝의 은빛 고요가 맑고 투명하다. 저 산 밖 분분하던 세상의 말들은 자취 없이 사라지고 흰 눈을 덮어쓴 아름드리 적송들은 한 발짝도 움직이지 않고 제 자리를 지키고 있다. 이제껏 그 누구의 입으로도 말해지지 않은 북한산의 침묵에 귀 기울이고 있다. 모든 말들은 언제나 침묵에서 나와서 침묵으로 돌아가야 한다. 말에서 나와 말로 돌아가는 말이란 이미 말의 순수성과 의미를 잃어버린 시끄러운 소음임을 나무들은 안다.

버들치가 사는 한 평 남짓의 소에 이른다. 아무리 배가 고파도 한 번도 먹이를 구하러 산을 내려가지 않았던 버들치는 무엇으로 세상을 건너가는 것일까. 이따금 사람들이 던져주는 먹이와 먹을 것을 던져주는 척하는 거짓 제스처에 허기를 들킨 적도 있지만, 수졸함을 지키며 사는 버들치는 물처럼 담담하다. 담담하여 사람들의 기만과 치기와 오만과 그 안쓰러움마저도 깊이 이해한다. 바로 옆에서 커다란 바위 위에 뿌리를 내리고 천년을 꿈꾸는 소나무와 더불어 산의 사계 속으로 들어간 버들치에게 남은 것은 인간의 수다스런 말 대신 선택한 비언어적 요소인 시각과 청각이 만들어내는 몸짓뿐이다. 우리는 단지 온몸으로 말하는 그 의태어를 해독하지 못하여 한갓 미물로 여기는 저 버들치조차와도 결국은 소통에 실패하고 만다.

아주 작은 것과의 단절은 그보다 조금 더 큰 것이나 아주 더 많이 큰 것과는 엄청난 격절을 의미하는 것이다. 그러한 단절과 격절의 상태에서 우리는 나 자신은 물론 산과의 소통을 기대할 수 없다. 산은 산, 사람은 사람일 뿐이다. 산이 시끄러운 것은 바로 소통에 실패했기 때문이며 서로에게 통하지 않는 말로 서로가 자기 말만 되풀이한 결과다. 자연은 말을 믿지 않고 침묵을 믿는다. 봄이 되면 어김없이 나무들이 겨우내 자신 안에 쌓았던 침묵의 말들을 잎으로 틔우고 꽃으로 피워내며 자신의 침묵에 꽃비로 화답하는 그 침묵을 산은 기다릴 따름이다.

이름 없는 능선의 눈 시린 황홀경

아직 호명되지 않은 별들이 있어 하늘은 무한히 팽창하며 신비를 발한다. 산은 이름 없는 작은 계곡과 능선들이 있어 넓이와 깊이를 더하며 다양한 모습으로 예기치 않은 곳에서 풍경을 열어 매번 우리의 의식을 새롭게 고양시킨다. 푹푹 빠지는 눈밭을 헤치며 지도에 표시되지 않은 고요한 능선에 오른다. 마애불을 비롯하여 건너편의 승가사와 사모바위의 전경이 한눈에 잡힌다. 가람을 중심으로 모여든 푸른 소나무에는 간밤에 내린 눈들이 수백 마리의 흰 학들로 형상을 바꾸어 이따금 날개를 칠 때마다 설연을 일으키며 장관을 연출하고 있다. 아무도 지나가지 않은 능선의 눈길은 생이 짊어지고 있는 그 무게만큼 선명한 발자국이 낙관처럼 찍힌다. 발자국, 그것은 자기 자신에 대하여 책임을 진다는 분명한 선언이다.

능선이 끝나갈 쯤 깊은 절벽을 은근히 숨기고 성곽의 돈대에 올라선 듯 시야가 훤하게 펼쳐지는 바위에 선다. 눈으로 길을 더듬다가 문득 수려한 봉우리와 능선이 어우러져 만들어낸 높고 아득한 아름다운 세계와 맞닥뜨린다. 진종일 앉아 있어도 시시각각 새롭게 다가오는 풍경들로 세상의 모든 시름들을 잊어버리고 선경에 취한 듯 꿈을 꾸기에 좋은 은일의 장소다. 왼쪽으로는 문수사를 품고 있는 문수봉과 오른쪽으로는 보현봉이 있으며 그사이에 대남문이 위치하고 있다. 문수봉은 지혜를 상징하는 문수보살에서 보현봉은 덕을 상징하는 보현보살에서 명명되었음을 미루어 짐작할 수 있다. 그러니까 대남문은 지리적으로 북한산성의 남쪽에 위치한 문으로서의 개념보다는 문수와 보현보살이 주관하는 지혜와 덕의 세계로 들어가는 문임을 인식할 필요가 있는 것이다. 혹시 아는가, 상원사로 가던 계곡에서 세조의 등을 씻어주어 앓고 있던 괴질을 낫게 해준 그 동자승을 만날 수 있을지.

이 어지럽고 혼란스런 시대에 사회적 병리의 온갖 괴질을 앓고 있는 우리에게 필요한 것은 한쪽으로 편향된 어떤 맹목적인 믿음보다는 전체를 아우르고 균형과 조화를 이룰 수 있는 투명한 통섭의 지혜다. 고립되고 소외된 개별적 자아의 고통을 보듬어 주고 어루만져 따뜻한 배려가 마음에 스미게 하여 상생의 길로 이끌어내는 온화하고도 섬세한 덕이 더욱 절실한 때이다. 산은 결코 누구도 내치지 않는다. 품어줄 뿐이다. 혹여 그가 잘못된 길을 갈 때면 그 스스로 길을 잃게 하여 올바른 길을 가도록 가르쳐줄 따름이다. 뿌연 속세를 말없이 내려다보며 침묵으로 서로 대화를 나누고 있는 문수봉 바위들의 유현한 모습과 진경산수의 한 폭을 유감없이 담아낸 보현봉은 바라보는 것만으로도 우리 안의 속진을 말끔히 씻어내 찬물처럼 눈이 시원하다.

높고 빛나는 고독이 펼친 장엄경

대남문을 지나 산성주능선에 오른다. 북사면에 흰 눈을 첩첩 쌓아두고 깎아지른 절벽으로 오가는 길을 아예 없애버린 보현봉이 바로 옆이다. 결가부좌한 바위를 앞세워 빽빽한 서울을 물끄러미 바라다

보고 있는 문수봉이 앞쪽에 있다. 오른쪽으로 방향을 틀면 드넓은 공간 저 건너편에 군집해 있는 북한산의 암봉들이 빛난다. 모든 말들은 일제히 그 의미를 압도당한 채 침묵에게 자리를 내주었다. 저 침묵 위로 솟아오른 우뚝한 실체는 무엇일까. 무엇이어서 저리도 맹렬하고 돌올하고 명징하고 오묘한 것일까. 저 실체에 다가가기 위하여 한 번쯤 자신의 무언가를 걸어야 할 세계임을 깨닫는 순간 더욱 가슴이 뛰고 피가 뜨거워진다.

가까이 다가갈수록 쇠처럼 불가항력의 자력에 끌려가서는 다시는 빠져나올 수 없는 그런 운명을 실감하게 된다. 고도로 절제된 침묵과 경이의 저 장엄한 실체는 단순한 아름다움에 대한 환상을 여지없이 깨트려버린다. 보고도 알 수 없고, 들으면서도 이해할 수 없는 무수한 말들을 내 안에 던지며 모든 화두를 빼앗아버린다. 끊임없이 일어나는 의문들을 다시 풀어내고 감으며 바다처럼 일렁이게 만들고 산맥처럼 존재를 무궁하게 일으키는 화엄 그 자체다.

모든 꽃은 그것이 아무리 작은 것일지라도 고독이 피우는 순일한 미소다. 그 미소 뒤에 향기를 퍼뜨리며 열매를 맺어서 자신의 말을 침묵으로 완성한다. 세상은 어느 한순간도 고독하지 않은 적이 없다. 모든 존재들이 자신의 모습을 볼 수 있는 것은 바로 고독이 있기 때문이다.

산의 고독은 언제나 침묵 속에서 모습을 감추고 다시 또 그 모습을 드러낸다. '흰 눈을 인 채 미동도 없이 고독에 흔들리지 않는 저 거대한 바위들을 나는 사랑한다. 사랑하고 사랑하여 나의 고독을 완성한다.' 그것이 침묵으로 말하는 저 장엄한 산들의 웅장한 목소리다. 산은 눈으로 보지만 귀로 듣지 못하는 산이란 아무런 의미가 없다. 모든 산은 그 산만의 고유한 말을 갖고 있다. 저 북한산의 산음(山音)은 장중하며 깊고 무변하면서도 지친 영혼을 다독이고 위무하며 속삭이는 목소리로 길 위에 선 모든 걸음들의 자북이 된다.

중성문에 도착한다. 석양에 물들어 황금빛으로 빛나는 노적봉의 저 찬란한 고독을 노적사의 범종 소리가 치고 또 친다. 끝끝내 일파만파 허공에 번지고 고요하던 하늘은 붉게 물들어 천지간에 울음 없는 곳이 없다.

설송

저 엄동의 솔이 얻은 평정,

무엇이어서 이리도 눈부신

대명천지를 눈 감고

독야청청 몰래 즐기며

제 몸의 뼈를 읽고 빠져나온 빛으로

바람도 읽은 적 없는

백옥처럼 흰 명심冥心의 백설부를 쓰는 것이냐

묻고 물어도 첩첩

적설로만 쌓여 빛나는

층층의 묵묵부답

빙하기를 맨발로 건너던

그 시원의 아침으로 돌아가

하늘의 문장들을 눈 깊은 지상에

홀로 써대고 있다

산성주능선 노적봉

03_ 오봉능선 여성봉이 품은 우주의 신비에 젖다

인간은 이따금 어떤 대상이나 사물을 통해서 기억된 후각으로 존재의 근원을 탐색해보면서 향수에 빠져들곤 한다. 내가 세상에 태어나면서 터트리던 첫울음 속에서 맡았던 단 하나의 냄새가 있다. 그 고유한 냄새는 시간의 흐름 속에서도 지워지지 않는다. 그리움이나 외로움이 엄습할 때 우리는 곧장 그 냄새가 나는 쪽으로 바람이 되어 달려가 그리움의 원형을 만난다. 논리와 이성, 사고와 사유 이전에 존재하는 어머니, 어머니의 냄새는 '나'라는 존재를 이미 송두리째 점령하고 있다.

말을 버린 송추계곡의 시원한 적묵寂默

침묵이 깊을 때 우리의 귀는 더욱더 명징한 소리를 듣는다. 일체의 말과 소란을 물린 겨울 산의 침묵이 명경이다. 돌이켜보면 참으로 부산하고 분주했던 시간이었다. 무엇이 그리도 바빴던 것일까. 자신의 말과 소리를 내려놓은 산의 침묵 속에 들어와서야 우리는 비로소 한 그루 겨울나무가 되어 나 자신을 보게 된다. 겨울 산의 걸음은 그렇게 시작된다.

과거 송추계곡은 서울 근교의 대표적인 나들이 명소였다. 교외선 철도가 개통되면서 주말이면 항상 나들이객들로 북적거렸다. 밀집해 있던 음식점들이 계곡을 독점하고 영업을 하였다. 오염이 되고, 몰려드는 차량들로 탐방객들의 불편이 심화되기도 하였다. 추억이 깃든 유원지였지만 아픔도 컸다. 1998년 여름에 내린 집중호우로 산사태가 일어나 많은 인명피해가 발생했었다. 이제 송추계곡은 국립공원관리공단의 정책에 따라 그런 과거의 모습을 지우고, 신생의 시간 속에서 상흔과 추억의 저편에 있다.

송암사(松岩寺) 일주문을 들어선다. 대웅전 단청이 십이월 회색빛 적요 속에서 곱다. 바로 앞에는 법당을 향하여 몸을 기울인 커다란 소나무가 있다. 지붕까지 가지를 뻗쳐 석등의 솔 우산이 되었다. 가람의 뒤로 솟은 여성봉은 원융무애로 둥글고 넓다. 약사전으로 간다. 길목에 수령을 헤아리기 어려운 거목이 걸음을 세운다. 본래 가지는 둘이었으나 한쪽을 잃었다. 우리의 생도 원하는 것을 다 갖고 살 수 없다는 것을 은연히 말해주고 있다. 상실은 아픈 것이지만 거기에 너무 붙들리지 말라 한다. 나무의 아랫부분에 커다란 옹두리가 불퉁불퉁하다. 저 살구나무가 살면서 얻은 고통의 목류(木瘤)다. 나무는 상처가 깊을수록 몸을 둥글게 말아 자신을 지킨다. 결코 뿌다귀를 만들어 남을 찌르지 않는다.

사패능선으로 가는 갈림길에서 송추폭포가 있는 오봉 방향으로 접어든다. 400미터 위에 폭포가 있다. 상단부에서 시작한 폭포가 가로로 놓인 암반을 흘러와 다시 하단부의 절벽으로 길게 이어져 있다. 폭포는 오늘 소리 대신 선괴(禪偈)를 대구로 걸었다. 저 아래 송암사에서 보았던 주련이다.

風吹碧落浮雲盡 (풍취벽락부운진)
바람 불어 구름 걷히니 푸른 하늘뿐이고,
月上靑山玉一團 (월상청산옥일단)
청산에 달이 뜨니 옥처럼 둥글어라.

오봉대의 전망과 마애불을 꿈꾸는 바위

오봉능선에 선다. 능선의 발밑까지 깊숙했던 산사태의 흔적을 찾아보기 어렵다. 치유된 상처에 새 길이 났으니 자연은 늘 우리에게 삶의 지혜를 준다. 사람이 꽃보다 더 아름다운 이유가 있다면, 그것은 상처를 치유하고 상처를 넘어서는 힘과 지혜를 만들어가기 때문일 것이다. 아픔 없는 아름다움이란 언제나 하나의 환상일 뿐이다.

자운봉으로 가는 갈림길을 지나 오봉 방향으로 간다. 오봉능선의 첫 번째에 해당하는 봉우리에 오른다. 바로 건너편으로는 마치 하늘에 오른 듯한 개구리바위를 비롯한 봉우리들이 연이어 있다. 아찔한 바위 절벽 가장자리에 서 있는 기묘한 소나무를 바라본다. 100년을 산 우리의 모습이 저럴까. 세월의 모진 풍상을 온몸에 새겼다. 그치고 나아가기를 거듭한 생사의 경계가 아슬아슬하다.

두 번째 봉우리에 오른다. 정상부는 올라서기 까다롭고 협소하여 굳이 그럴 필요도 없다. 바로 아래 놓인 반석의 바위가 하나의 대(臺)

를 이루었다. 일찍이 '오봉대'라 명명한 곳이다. 도봉산의 절반에 해당하는 북서부의 전경이 한눈에 들어온다. 왼쪽으로는 여성봉, 정면으로는 사패산, 오른쪽으로는 포대능선을 따라 자운봉과 만장봉 등이 부채꼴 모양으로 펼쳐져 있다. 눈을 감고 앉아 있으면 마음도 가부좌를 튼다. 그리고는 이내 내가 하나의 작은 마애불이 되어 뒤쪽의 바위 속에 들어앉는 느낌이다. 내가 나를 독대하던 곳이다. 그렇지만 오늘은 오래 있을 수 없다.

몇 걸음을 옮겨 반대쪽으로 넘어간다. 벼랑에 우뚝 선 신비감이 도는 특이한 바위가 있다. 아무리 보아도 어디선가 본 듯하다. 보물 제199호로 지정된 경주 남산 봉화골 신선암 마애보살상이 있는 그 바위의 모습이다. 드높고 웅혼한 북한산의 산세를 바라보는 각도도 흡사하고, 크기며 숙어진 각도가 크게 다르지 않다. 2010년 2월 현석 이호신 화백의 '천불만다라'전에서 전시되었던 기억 속의 그 작품이 그러한 사실을 더욱 또렷하게 말해주고 있다.

여성봉이 품은 궁륭의 하늘 별빛 만다라

오봉에 닿는다. 처음 볼 때와 마찬가지로 나란하게 도열해 있는 다섯 봉우리는 질서와 조화의 미가 극치를 이루었다. 이제 소나무 사이로 난 길을 따라 여성봉으로 향한다.

해가 뉘엿해지는 시간 여성봉에 도착한다. 사람들은 '여성봉'이란 명칭에 대해서 참 궁금해한다. 또 거개가 그 궁금증에 대해서도 아주 쉽게 이유를 말해준다. 더러는 호들갑을 떤다. 괜스레 낯 뜨거워지며, 참 민망해지기도 한다. 그게 상투적인 여성봉의 전부다. 봉우리에 올라 바라보는 오봉과 북한산의 전경은 조금 전까지의 여성봉에 대한 천박한 해석으로 그리 감동적이지 않은 얼굴들이다. 작은 소나무 한 그루 서 있는 여성봉은 분명 여근을 닮았다. 그래서 여성봉이라 불렀을까. 만장에 걸친 신선의 풍모와 상서로운 기운이 감도는 자운봉을 거느린 도봉산이다. 천변만화의 오묘한 절대적 조화가 진리에 닿은 오봉이다. 앞서간 우리 윗대들의 안목이 그리 일천했을까. 그 답은 봉우리 아래 드넓게 펼쳐진 병풍바위 아래에 있다. 바위벽에 바짝 붙어서 비스듬히 누워보면 안다. 우리나라 명산 그 어디서도 찾아볼 수 없는 독특한 구조가 그제야 드러난다. 하늘과 땅 그 광활한 공간이 울을 친 듯 둘러친 여성봉의 병풍바위와 바닥의 거대한 바위 사이에 고스란히 담겨 있다. 한 떨기 연꽃과도 같이 오봉과 북한산의 진경을 압축하여 담고 있다. 온기가 남은 바위에 등을 대고 누워서 기다린다.

삼라만상이 침묵에 잠긴 시간, 새붉은 커다란 홍옥 하나가 바다에 진다. 장엄한 노을이 천지에 뻗친다. 서러웠던 한 해의 울음이 불탄다. 아팠던 만큼 울음은 붉고, 고독했던 만큼 슬픔은 깊다. 강화 바다를 금빛으로 적시는 저 빛깔, 다시 보면 와인의 색깔이다. 지하 저장고에서 잘 숙성된 빛이다. 사랑하는 여인의 몸에서 나는 향기처럼 감미롭고 황홀하다. 사랑이란 저런 것이다. 메토노소이다. 눈부신 연금술이다. 이 저무는 한 해의 저녁을 나는 누구와 저 와인을 함께 마실 것인가.

그리운 얼굴들이 하나둘 하늘에 돋아나기 시작한다. 어느 건축 양식인 양 드높이 열린 궁륭의 하늘에 신의 음성 같은 별빛이 찬란하다. 어머니든 아내든 창조주적 여성성이 빚어낸 궁극한 생명의 세계가 바로 여기에 있다. 어머니의 모태 속에 들어 있듯 안온한 이 공간이 바로 여성봉인 것이다. 내 아내를 만나고, 그리움의 원형 내 어머니를 만나는 곳이다. 깜깜한 미망 속에 감춰졌던 아득한 어둠 너머 우주의 신비가 저리 찬란히 빛나고 있는 것을. 내 아내가 내 어머니가 바로 저 우주였던 것을, 내가 바로 저기에서 왔던 것을. 탯줄 같은 어둠의 산길을 내려가며 바라보는 세상이 야경 속에서 성운처럼 부시게 빛나고 있다.

여성봉에 가시면

도봉산 그 봉우리에 가시거든 호들갑 떨지 마시게
법당을 나오듯 물러나 봉우리 아래로 와보시게나
세상의 소란을 둘러친 거대한 병풍바위에 등 기대고 누워보시게
쿵, 하고 머리를 찧으며 섬광처럼 터져 바라보게 되는
드넓은 바다의 바위 사이로 형성된 궁륭의 하늘
거기에 오봉과 북한산의 연꽃봉오리들 피는 걸 보실 것이네
저 창조주적 여성성이 빚어낸 우주적 생명의 만다라
강화바다 금빛으로 물들이는 석양의 장엄예불에 통곡을 내려놓는
세상의 울음들이 소리 없이 어떻게 불타는지를 보실 것이네
바다로 홀로 가는 늦은 강물의 뒷모습도 오래 바라보실 것이네
어머니의 모태 속 같이 바람 한 점 없는 안온한 시간
몰래 금성 같은 눈물이 돈다면 그대는 이미 듣고 있는 것이네
쉴 새 없이 푸르게 반짝이는 별들 그 푸른 신의 목소리를
탯줄 같은 어둠의 산길을 내려오며 발견하는 눈부신 생의 기쁨
어둠을 활짝 연 야경 속에서 그대는 볼 것이네
또 만날 것이네, 그대의 아내를 그대의 어머니를

오봉능선 비상

04_ 백운대의 일출
온 누리에 새날의 빛을 뿌리다

내가 나로서 내 삶을 살고 있는 부분은 얼마나 될까? 내가 늘 주체적인 삶을 살고 있다지만 기실 나는 나의 많은 시간들을 내가 아닌 타자와의 관계 속에서 살고 있다. 즉 나는 인생의 대부분을 타인의 삶을 살고 있는 것이다. 그렇다 보니 자칫 내가 나 자신을 잃어버리고 공허해지는 경우가 있다. 타인 속에서 잃어버린 나는 어디에 있는 것일까.

달빛에 물든 신새벽 눈 내린 산길

일일신우일신(日日新又日新), 은나라를 창업한 탕왕이 세숫대야에 새긴 반명(盤銘)이다. 나날이 새로워지고 싶다. 눈을 뜰 때마다 어제는 보이지 않던 삶의 소중한 의미들이 발견되는 아침을 맞고 싶다. 부대끼며 고단한 일상을 살아온 그만큼 더 넓어지고 깊어졌으면 좋겠다. 사람과 삶에 대한 이해와 사랑이 이 북한산처럼 크고 은근했으면 좋겠다. 새해를 맞는 우리 모두의 마음이 그럴 것이다.

보리사를 지나 본격적인 산길로 접어든다. 간밤에 서설이 내린 눈길을 사박사박 걷는다. 여느 때와는 다른 신새벽의 흰 눈 위에 어리는 이 붉은 기운은 무엇일까. 주변을 둘러본다. 숲속의 나무들도 모두 은은한 빛을 입었다. 고개를 든다. 원효봉의 하늘에 둥근 달덩어리가 홀로 밝다. 보름에 임박하여 뿜어내고 있는 영롱한 월정마니보주(月精摩尼寶珠)의 빛이다. 마치 결정(結晶)의 사리들이 천지에 뿌려진 양 흰 눈 내린 겨울 산이 빛나고 있다. 그럼에도 내 눈에 가시지 않는 이 어둠은 무엇이랴. 랜턴을 켜고 보니 알겠다. 지금의 내 지혜가 이와 같은 것이다. 좁은 공간에서 켜보면 아주 환한 것 같지만 이런 천지가 캄캄한 곳에서 빛은 아주 짧고 극히 제한적이다. 바로 앞의 사물만 겨우 비출 뿐 이내 두터운 어둠 속으로 빨려들고 만다.

개연폭포에 이른다. 물소리가 미명 속에서 세상을 깨우며 산을 내려가고 있다. 물줄기의 반은 달빛이요 반은 별빛이다. 그칠 줄 모르는 저 근원은 무엇일까. 하늘을 본다. 북두칠성의 국자 부분이 정확하게 폭포를 향해 무언가를 쏟아내느라 아래로 기울어져 있다. 밤새 은하를 퍼서 쏟아붓고 있던 것은 아닐까. 그렇지 않고는 폭포의 물줄기가 저리 투명하게 빛날 리 없다. 저 많은 별들이 모두 깨어날 리 없다.

고도를 낮추던 달이 원효봉에 걸려 달빛을 죄다 엎지르고는 산 뒤로 서서히 사라지고 있다. 왼쪽은 의상봉 오른쪽은 원효봉 어둠 속에서도 산의 실루엣이 뚜렷하다. 그 사이로 모든 시름을 뉘고 자고 있는 세상의 야경이 꿈속처럼 평화롭다. 해발고도가 높아지면서 나뭇가지마다 빛나고 있는 별들, 맑고 깊고 서늘하다. 우리가 갖고 있는 것 중 가장 깊고 맑은 것은 무엇일까. 나는 말한다, 눈물이라고. 오늘의 별들은 내 눈물보다도 훨씬 더 맑고 깊다. 눈물을 잃어버렸을 때 우리는 가슴에 품은 모든 지도를 잃게 된다. 한 장의 지도 없이도 산에 갈 수는 있으나 눈물을 잃어버리고는 세상을 건너갈 수 없다. 흐린 근원까지도 정화하고 그 속까지 투명하게 비치는 것은 이성이 아니라 우리의 눈물인 것이다.

어둠을 씻어내는 백운대의 장엄한 일출

백운봉 암문에 닿는다. 암문으로 붉은 기운이 밀려들고 있다. 정상으로 가는 길은 빙판이라 자못 긴장된다. 중간의 철제계단을 다 올라서면 언제나 그렇듯이 인수봉과 마주친다.

마침내 태극기가 힘차게 펄럭이는 백운대에 선다. 아직 일출 전이다. 온도계가 영하 15℃를 가리키고 있다. 우리의 이성이 이처럼 매서웠으면 좋겠다. 백운대는 우리 민족 역사의 봄을 3·1운동 암각문으로 새긴 성지이다. 사방팔방 눈이 가닿지 않는 곳이 없는 여기가 바로 세상의 중심이다. 좌측으로는 한북정맥에서 이어진 도봉산줄기가 멀리서부터 내달려오고 있다. 바로 앞으로는 수락산과 불암산을 비롯한 첩첩한 산들이 끝없이 미래로 펼쳐져 있다. 한강 상류 팔당 쪽 예봉산과 검단산 하늘에 좌우로 길게 붉은 하늘마루금이 그어져 있다. 비류와 온조가 보았던 그 아침도 이러하였을까. '하늘은 길고 땅은 오래간다(천장지구 天長地久)'는 옛 성현의 말씀을 보는 것만 같다.

마침내 팽팽하던 하늘마루금의 가운데가 툭 끊어지며 용광로의 쇳물 빛 태양이 솟는다. 절대 침묵과 고요의 정점에서 터지는 숫햇살이 눈을 찌른다. 내 눈 속의 어둠이 동시에 찔리며 눈물로 흐른다. 모든 말을 넘어선 분명하고도 엄숙한 실체가 저리 명징하고 황홀하다. 지상에 남았던 일체의 어둠들도 순식간에 썰물처럼 빠진다. 새해 새마음의 새날을 축복하는 빛이 온 누리에 가득 넘친다. 일출의 여운은 길게 유장한 강물로 흐른다. 인수봉의 거대한 암벽은 금빛으로 물들어 잠언으로 빛나고, 만경대의 도열한 바위 봉우리들은 숙연함 속에서 끝까지 자리를 지키며 '사물을 변화하게 하는 것은 변하지 않는' 그 진리를 분명하게 보고 있는 듯하다. 아주 잠깐이었지만 영원한 순간이었다. '한번 진실로 새로워진다면 나날이 새로워진'다는 그날이 바로 오늘이다. 오늘이 새날이다. 그러기 위해서는 지금까지의 익숙한 사고방식과 낡은 법식을 과감히 버려야 한다. 파벌과 모략과 술수가 없는 우리 모두의 노력이 항상 진리와 정의와 평등에 수렴되는 나날이어야 한다.

빗장 없는 중성문과 섬광 일고 벼락 치는 노적봉

만경대의 산허리를 지난다. 허공이나 다름없는 천길 바위 벼랑에 생사를 초탈한 소나무가 참으로 의연하다. 어느 나무가 저 고준한 세계로 들어갈까. 누가 척박한 삶을 저리 윤택한 빛으로 바꾸어 낼까. 용암문을 지나 한산복당(漢山福堂) 북한산대피소로 간다. 북한산은 분명 우리 모두에게 복을 주는 큰 산이다. 이 산 아니면 천만 서울 시민들이 어디로 갈까. 북한산이 있어서 서울은 더욱 건강하고 활기차다. 변함없이 품어주고 버거운 세상살이에 필요한 힘은 물론 용기와 기회를 준다. 차 한 잔을 마시는 동안 햇살이 언 몸에 온기를 준다.

낙엽 위에 눈 쌓인 길을 내려간다. 용학사 앞에 다다르니 기왓골마다 눈이 새하얀 산영루(山映樓)가 단아하게 복원되어 있다. 수려한 계곡에 의상능선을 배경으로 주춧돌 위에 새가 날개를 치는 듯하다. 추정하기로 1925년 을축년(乙丑年) 대홍수 때 유실된 것이다. 다산(茶山), 추사(秋史) 등을 비롯한 수많은 시인 묵객들이 다녀가며 시문을 남긴 곳이다.

중성문에 도착한다. 올려다볼수록 노적봉은 실로 압권이다. 거대한 바윗덩어리, 저것은 무엇일까. 바라보는 순간 '쿵' 하고 가슴에 무언가 내려앉는 것이 있다. 다 받아내기 어려운 중량감과 괴량감은 정신의 문진으로 작용한다. 또 어떨 때는 유성처럼 어떤 생각의 빛이 머릿속을 관통한다. 터럭 하나도 흔들리지 않는 웅장한 부동의 정좌, 그 중심에 들어 있는 사유의 질량을 헤아려본다. 성곽 쪽으로 올라서면 백운대가 보인다. 손을 흔드는 태극기가 아득하다. 산몸으로 시구문을 빠져나가는 물소리는 겨울 하늘처럼 푸르고, 하늘을 떠받친 노적봉의 화두는 천지를 지키는 우뚝한 성이 되어 금빛으로 빛나고 있다.

덕암사(현재는 아미타사)로 향한다. 솔향기 번지는 고즈넉한 산길이 구불구불 이어진다. 시간의 무게를 이긴 자연 석굴에 대웅전을 조성한 독특한 사찰이다. 경기도 유형문화재 제246호로 지정된 목조보살좌상이 모셔져 있다. 내 마음이 이처럼 아늑하고 단출했으면 좋겠다. 부처님도 군락의 노송도 아무런 말이 없는데, 고요히 범종이 운다. 절 마당의 미륵불이 바라보는 곳으로 눈을 돌린다. 백운대에서 보았던 일출의 그 태양이 종일 빛을 뿌리고는 잠시 하늘마루에 앉아 있다. '새해도 모두가 복을 짓고 행복하기를, 새롭게 꿈꾸고 더 아름답게 곡진한 사랑 나누며 모두가 건강하길' 바란다며. 내가 눈을 들어 오래 마주 볼 때까지.

인수봉

지금은 눈과 얼음을 둘러
일체의 소란을 문 닫아 건 빛나는 성채,
아무도 없는 저 성에 가본 적 있다
수 백길 낭떠러지를 세운 명상의 첨탑에서 세상은 멀리 열렸고,
망루의 종은 울려 새들은 높이 솟았다

말은 꺼내지 않을수록 들리는 소리가 깊었다
성주는 스스로였으나 누구의 자리도 아니었다
한순간에 모든 것을 맡겨야 하는 저 아슬아슬한 벼랑에서
목숨의 고리에 길을 거는 손들이 은빛으로 반짝였다
조심스럽게 뒤로 물러감은 신 앞의 몸이었다

나를 걷지 않고는 저 봉우리에 닿을 수가 없다
여기, 죽어서도 산을 떠나지 않고 바라보는 영혼의 산바라기들
내 가슴에는 일찍이 그들이 새겨두었던 말이 있다
산에서 난 자는 산이 되어 산으로 돌아간다
그것만이 죽음을 넘어 자신에게 이르는 것이다

걸음만이 결국 내가 나에게 도착할 수 있는 유일한 길이었다

백운대 일출, 인수봉

05_ 포대능선의 겨울
회사후소의 세계가 눈꽃으로 피다

나무들은 때가 되면 스스로 잎을 버린다. 소박하여 뗄 것도 없는 나무들이 혹여 치장하거나 장식하며 살았던 것은 아닌지 돌이켜보며 잎과 열매를 내려놓는다. 어느 것도 소유하지 않는 온전한 한 그루 나무로 서보고 싶은 것이다. 그래야만 온몸으로 받아내는 겨울의 칼바람 끝에서 눈부시게 빛나는 찬란한 별 하늘을 바라볼 수 있을 것 같기 때문이다. 제 머리 위에 별자리 하나 가질 수 있을 거라는 믿음이 있기 때문이다.

도봉산장으로 가는 눈 내린 산길

겨울 산의 미덕이 순백으로 빛난다. 제가 지녔던 모든 것을 아낌없이 내어준 나무들의 텅 빈 충만이 밀밀하다. 하나같이 비움과 절제로 무소유를 실천하며 안거에 든 모습이 시리고 맑다. 자판기에 돈을 넣고 그만큼의 대가를 받아먹는 일에 익숙한 현대인이다. 그러나 나무들은 그 누구에게도 무엇을 준 기억조차 없다. 자기의 잉여를 챙기지도 않으며 만들지도 않는다. 이웃과 세상의 이익이 되는 것이 아니면 생각조차 않는다. 나의 소유가 결코 남의 결여와 고통이 되지 않는다. 온몸으로 일하여 스스로 풍성해지나 모두 되돌려준다. 그럼에도 나무들은 뼈를 깎는 자성의 시간 속에 있다. 혹한을 견디며 오로지 자기 자신과 대면하고 있을 뿐이다.

눈 내린 산길을 오른다. 뿌드득뿌드득 귀가 밝아진다. 도봉산장에 도착한다. 언제나 큰 것을 얻은 것들이 그렇듯 침묵이 명징한 선인봉이 우뚝하다. 잠시 안으로 든다. 머리에 만년설을 인 할머니의 모습은 도봉산의 또 다른 봉우리이기도 하다. 40년 넘게 지켜온 산장의 산증인이며 역사다. 반질거리는 커피 그라인더의 투명한 광택이 곱다. 아침햇살을 섞어서 내려주시는 원두커피의 향기가 흘러들며 잠시 고독의 시원을 더듬는다.

인절미바위에 이른다. 낮과 밤의 기온 차로 수축과 팽창을 반복하며 표면이 떨어져 나가는 박리현상의 결과다. 곧이어 '나무묘법련화경' 각자가 새겨진 바위에 닿는다. 푸른 샘의 물줄기가 일심으로 독송하는 낭랑한 독경소리 되어 숲으로 번지고 있다.

석굴암으로 향한다. 법당 문은 지그시 닫혀 있다. 부처님은 눈 깊은 이 겨울 무슨 생각을 하고 계실까. 지그린 문을 살짝 열어보고 싶지만 훼방하고 싶지 않다. 잠시 선인봉을 등지고 앉는다. 전망이 탁 트인 저 아래로 시내가 한눈에 들어온다. 가부좌, 그것은 제 발등이 아니라 시력 너머까지 보기 위한 마음의 앉음새였다.

산중 설화로 피는 새하얀 미소

만월암으로 향한다. 석굴암에서 만월암으로 가기 위해서는 작은 고개 하나를 넘어야 한다. 이웃 마을로 마실을 가는 것 같은 길이다. 어찌 알겠는가. 석굴암과 만월암의 부처님이 서로 마실을 다니고 있는지를. 우리도 그렇게 서로 오가며 만날 수 있는 이웃이 있다면 좋겠다. 나누고 베풀며 함께 사는 세상이 참으로 따뜻하다는 것을 알게 되기까지는 우리는 더 많이 사랑해야 되리라. 조금 더 아파야 하리라.

암자로 가기 전 길에서 비켜난 맞춤한 쉼터가 있다. 푸른 소나무마다 흰 눈이 소복하다. 슬몃슬몃 바람이 온다. 그때마다 햇빛에 반짝이며 산란하는 눈의 입자들로 숲은 한층 더 맑고 아름다워진다. 무지갯빛 고운 점점의 무늬가 허공에 둥둥하다. "교소천혜, 미목반혜, 소이위현혜(巧笑倩兮, 美目盼兮, 素以爲絢兮) 어여쁜 웃음이여, 아름다운 눈동자여 흰 바탕으로 고운 채색을 하였구나." 모름지기 회사후소(繪事後素)는 이런 마음의 세계를 일컬음일 것이다. 다시 본체가 천지에 그대로 드러난 나무들을 바라본다. 혹한기를 건너는 나무들의 고도한 절제가 삼엄토록 빛난다.

욕망은 필시 모든 고통의 근원이다. 고통과 불행의 연결고리이다. 그 연결고리를 뚝 끊어버리고 사유와 성찰에 든 간결한 겨울 숲은 번뜩이는 비의들로 비수처럼 빛난다. 나는 그동안 무엇을 했던 것일까. 자신과 싸우며 깊은 성장을 이루기보다는 남과의 경쟁에만 골몰했던 것은 아니었을까. 나도 저 나무들같이 가장 깊은 데로 이 겨울을 건너고 싶다. 그렇지 않고야 백번의 봄이 무슨 소용이랴. 그 봄 어디에 내 한 송이 꽃이 있으랴.

고개를 넘으면 벼랑 위 한 그루 낙락장송이 보인다. 만월암은 여기서 건너다보아야 제격이다. 거대한 바위벽에 가까스로 둥지를 튼 금사연(金絲燕)의 집이 저럴까. 아주 작은 계단 몇 개만 허물면 오르내리는 길조차 없는 천상의 암자이다. 곁에는 늠연한 소나무가 암자를 호위하고 있다. 만월보전(滿月寶殿) 단청은 빛이 바래도 부서지지 않는 능엄의 달빛 그대로다. 뒤쪽 좌우로는 병풍을 두른 첩첩한 바위 봉우리들이 햇살을 받아 황금빛으로 빛나고 있다. 저보다 더 아름다운 암자가 어디 또 있던가. 법당 문은 활짝 열려 있다. 부처님이 눈 내린 세상을 내려다보고 있다. 얼지 않는 오색 연등은 등불 없이도 어찌 저렇게 환하게 빛나고 있는 것일까.

절벽으로 난 소로를 따라 암자로 들어선다. 석불좌상의 미소는 마당에 쌓인 눈보다 희다. 그 희디흰 미소가 온 산에 눈꽃으로 피었다. 조선 후기에 조성된 석불좌상은 서울특별시 유형문화재 제121호이다. 도봉산을 좌우상하 없이 아우르고 서울을 굽어보고 있는 저 흰 미소는 어디서 오는 것일까.

포대능선 무아경에 빠진 설경의 파노라마

산신각쯤에서 잠시 선인봉과 만장봉을 바라본다. 흰 눈 덮인 첨봉의 기상이 하늘을 찌른다. 능선으로 가기 위해서는 노송군락을 지나야 한다. 함께 하며 숲을 이루었으나 어느 나무도 서로에게 기대지 않는다. 홀로 섬을 두려워하지 않는 소나무들의 빛이 더욱 청청하다.

가파른 계단이 길게 이어진다. 오를수록 전망은 트이고 도봉산의 상징인 세 봉우리의 면모가 천천히 드러나고 있다. 저 돌올한 바위 봉우리들이 엄숙한 고전으로 읽히는 것은 무슨 까닭일까. 정상에 다가설수록 짙푸른 하늘이 경이감을 일으킨다. 아직도 붉은 한지 같은 잎들을 채 떨어내지 못한 단풍나무가 보인다.

포대능선에 선다. 자운봉을 위시한 만장봉은 북사면에 쌓인 두터운 흰 눈과 얼음으로 난공불락의 요새를 이루었다. 시야는 신선대 지나 저 멀리 북한산의 만경대와 백운대로 치달리고 있다. 망월사 뒤쪽 사패산으로 이어진 능선의 바위들은 금빛 석양을 받아 어느 세계의 황금 사원을 연상시키고 있다. 바라볼수록 시리게 빛나는 눈꽃의 만다라, 이 침묵의 정점에서 장엄한 바위 봉우리들의 경건한 기도가 느껴진다. 어떤 묵중한 세계의 음성이 들리는 듯한 이유도 그 때문이리라.

산을 내려가기 전에 꼭 한 번 봐야 할 것이 있다. 만장봉 방향으로 부채처럼 가지를 펼친 소나무다. 찌릿찌릿 오금 저린 벼랑에 몸을 세웠다. 수락산과 불암산 쪽으로 바라보면 중동이 부러져나간 것을 알 수 있다. 목숨을 걸었던 절체절명의 순간들이 읽힌다. 생사의 갈래에서 죽음과 맞섰던 우주적 질량의 거대한 고독이 보인다. 천지를 재운 고요가 무섭게 일렁인다.

이제 산을 내려간다. 이 고절한 세계의 바위 봉우리들을 넘어오는 음성이 들린다. '이 세상에서 가장 큰 부자는 자족하는 사람이다' 저 아래 만월암의 부처님 말씀이시다. 그 말씀을 알아듣고 어둠 먼저 내리는 음지에도 환한 눈꽃을 피운 나무들이다. 그 사이로 난 길로 들어서 세상으로 내려간다. 몇 십리를 아니, 아직은 몇 백리를 더 가야 하므로. 그것은 또 나와의 약속이기도 하기에 나는 가야 한다.

얼지 않는 민초샘 샘물에게 가만히 묻는다. 왜, 흐르는가? '부족함을 채우기 위함이요, 넘침을 경계함이다.' 답하지 않아도 그렇게 알아들으며 함께 산을 내려간다. 다시 눈 내리는 겨울 숲 내 삶의 세계로, 다시 또 꿈꾸며 치열하게 살기 위하여.

포대능선에 서면

뭇별들 평화롭게 잠든 고요한 하늘 아래 강물이 새벽을 열면
파도치는 산들을 넘어 아침 태양 온누리에 금빛 햇살 비추고
흰 눈 덮인 만장봉 자운봉 장엄한 바위봉우리들 돌올히 솟아
이 민족의 기상 하늘에 닿고 산맥처럼 내달리는 원대한 꿈들
여기는 조상들의 피땀 어린 자손만대 이을 진리의 복된 터전
사랑하고 사랑하여 뜨겁게 불붙는 우리의 희망 꽃 피는 미래
저기 저어기 함빡 웃음 지으며 새로이 돋아난 대지의 초원을
아장아장 가로질러 오는 아기와 같이 연듯빛 봄이 오고 있네
천둥 번개 속에서 오천 년 등불 꿋꿋이 지켜온 자유의 이 땅
겨레의 가슴마다 무궁무궁 무궁화가 핀다 눈망울 반짝거린다
사철 하늘이 복을 주고 은총을 내리는 아름다운 조국의 산하

포대능선 소나무

06_ 사자능선에서 천명에 귀 기울인 산의 침묵을 듣다

산은 묵묵할 뿐 아무 말도 하지 않는다. 산의 묵묵함은 보는 묵묵함이요, 듣는 묵묵함이며, 사유하는 묵묵함이다. '모든 욕망에는 이스트가 들어있다. 인생의 태반을 돈 버는 데 쓰지 말고, 욕망을 줄여라. 욕망을 줄이면 인생은 훨씬 아름다워진다.' 누구는 그 묵묵함을 그렇게 듣는다. '이 세계만큼 아름다운 풍경이 있을까? 가장 뛰어난 미인은 이 세계다. 우리는 그 멋진 풍경을 따라가지 못하기에 풍경에 무관심하고, 세계 밖의 것으로 인식한다. 풍경은 과거는 물론 미래까지 여전히 우리 인간이 발견해야 할 삶의 기억이다' 누구는 또 그렇게 산의 묵묵함을 해석한다. 산은 침묵으로서 세상의 모든 시비와 분별과 논쟁을 일시에 논파해버린다. 모든 껍데기를 발가벗겨 버린다.

전심사 길목 비를 먹은 향기로운 나무들

산으로 가는 사람들의 발길이 뜸해졌다. 그만큼 산의 침묵이 환해졌다. 북한산 둘레길 '평창마을길'이 지나는 구기동 산자락 입구로 들어선다. 턱없이 부족하지만, 간밤에 단비가 내렸다. 여전히 전국적으로 가뭄이 극심하다. 바닥을 드러낸 저수지와 댐들을 볼 때마다 가슴도 함께 졸아들고, 빈난해지는 느낌이다. 그러고 보니 우리는 밥을 먹고 살기보다는 비를 먹고 산다. 흙도 물도 비를 먹고 산다. 비가 만물의 밥이다.

참나무가 서 있는 비탈길을 오른다. 풍기는 향미가 구수하다. 골목길을 돌아 오르면 전심사다. 고즈넉하다. 풍경마저도 정적 속으로 들어가 버렸다. 산길로 들어선다. 탕춘대능선 너머로 모습을 드러낸 족두리봉이 단아하다. 곧장 능선에 올라붙는다. 인왕산과 안산이 이룬 풍치가 환하다. 비에 젖은 소나무는 검고, 떨어진 솔잎은 붉다. 이어 유령바위가 나온다. 무섭기보다는 웃고 있는 모습이어서 친근하게 다가온다.

고도가 높아질수록 남서쪽 북한산의 정경이 그윽하다. 이따금 오가는 구름 사이로 향로봉이 열리고, 비봉이 모습을 감추고 드러내기를 반복한다. 훤칠한 구기능선 암봉들은 한 폭의 산수화 중심에 들었다. 사자능선은 현재 비법정탐방로다. 사람의 발길 대신 간밤에 내린 비로 산을 내려간 빗물의 발자국이 선명하다. 언제나 맨발인 물의 발자국은 부드럽고 둥글다. 흘러간 물의 뒤꿈치가 보인다. 전망이 좋은 첫 번째 바위 봉우리에 오른다. 건너편 백석동천(白石洞天) 백사실계곡에도 구름이 소요하고 있다. 세상에 물들지 않는 서울의 별서(別墅)다. 힘들고 지쳤을 때 문득 찾아가는 곳이다. 팔각정으로 이어진 북악스카이웨이가 서울 하늘에 길게 마루금을 그었다.

사자봉에서 보는 보현봉과 문수봉의 위용

널찍한 마당바위에 닿는다. 사자능선의 수려한 전경을 감상하는 자리다. 산은 속도를 내는 곳이 아니라 늦추는 곳이다. 기록을 재며 시합하듯 빨리 걷기만 하면 산은 아무것도 보여주지 않는다. 산과 하나가 되기를 꿈꾸는 진정한 자연인, 본원적 산인이 되고자 하는 인식 없이는 산 따로 사람 따로 일뿐이다. 이어지는 숲길 솔향기가 맑다. 산등성이를 넘기 전 쉬어가기 좋은 너럭바위에 두 소나무가 정겹게 마주 보고 있다. 하나는 곧은 솔이고, 다른 하나는 굽은 솔이다. 곧음과 굽음을 보며 서로의 성정을 다스려 나가는 부부 소나무다. 사는 것이란 저와 같은 것이 아니냐며 비봉이 흐뭇한 표정이다. 이윽고 좌선대에 도착한다. 꼭 한 사람 앉을만한 바위가 솔숲에 단처럼 놓여 있다. 앉아보면 안다. 눈이 열린다는 것이 무엇인지를.

숲길은 깊어지고 전망은 높아진다. 그렇게 한참을 오르면 암사자봉과 숫사자봉이 조망되는 위치에 이른다. 봉우리에 도열한 소나무들이 영락없는 사자의 갈기 모양이다. 구름이 시시각각 몰려왔다 사라지기를 반복하며 좀처럼 모습을 다 보여주지 않는다. 그럼에도 깎아지른 바위 절벽은 사자봉의 위용을 숨기지 못한다. 오른쪽으로는 형제봉능선과 그 뒤쪽으로 칼바위능선이 중첩해 있다. 미끄럽고 거친 암릉을 우회하여 사자봉으로 향한다.

기다림의 시간 끝에서 산이 구름을 벗고 있다. 거대한 바위 요새를 연상케 하는 천험의 보현봉이 당황스러울 만큼 너무 가까이 와있다. 가만히 보면 동(動)이요, 다시 보면 부동(不動)이다. 시간의 흐름에 따라 형(形)과 상(象)이 유에서 무로, 다시 무에서 유로 변주되는 모습이 현현묘묘(玄玄妙妙)하다. 암사자봉에서는 형제봉능선으로 이어진 산줄기와 북악스카이웨이를 바라보는 전망이 뛰어나고, 승가사가 잘 보인다. 숫사자봉에서는 비봉에서 사모바위를 거쳐 문수봉과 대남문으로 이어진 유려한 능선을 조망할 수 있으며, 문수사를 건너다볼 수 있다. 암사자봉 정상 부근에 반원형의 커다란 '할렐루야바위'가 있다. 보현봉은 북한산의 기가 가장 센 곳이라 하여 과거에 무속인과 일부 종교단체의 기도처로 몸살을 앓던 시기가 있었다. 그때의 흔적이라 하겠다.

가파른 비탈길을 따라 보현봉에 오른다. 예나 지금이나 서울의 지리를 살피는 데는 이만한 곳이 없다. 서울의 사대문 안이 훤히 들여다보인다. 남쪽으로는 보현봉의 맥이 북악으로 곧장 흘러 들어간 것을 누구나 알 수 있다. 경복궁이 명당이라는 말이 나오지 않을 수가 없다. 광화문 광장에서 보면 근정전 너머로 보현봉이 우뚝 솟아 있다. 보현봉과 일직선으로 근정전을 배치한 것을 보아도 보현봉은 경복궁의 조산이자 한양의 주봉 격이다. 하지만 이 보현봉의 산줄기가 도성으로 이어지는 도읍터의 입수목인 구준봉 뒤쪽의 고개가 허약하여 흙으로 보충해야 했다. 하여 보토현(補土峴)이라 하였다. 현재의 북악터널이 지나는 산마루다. 도성의 지기(地氣)를 위해 금장(禁葬)과 더불어 벌목과 벌석(伐石) 등을 금하는 경계를 정한 '사산금표도(四山禁標圖)'도 이와 무관하지 않을 것이다. 세계적으로 가장 앞선 그린벨트의 효시인 셈이다. 여하튼 도심은 물론 장엄한 북한산의 풍광을 마음껏 감상할 수 있다. 북쪽으로는 산줄기가 도봉산 너머까지 준마로 뻗쳤다. 다시 보아도 이만한 전망이 드물다. 잠시 산 정상부를 살펴본다. 누군가 바위에 새겨놓은 글씨가 있다. 무엇인지는 비밀로 남겨둔다. 언젠가 개방되는 날 그때 확인해보시라. 사람이 그토록 열망하고 아파하면서도 다시 꿈꾸는 그것이 우리의 가슴에도 새겨져 있다.

산을 내려가는 청담 약수와 동령폭포

일선사(一禪寺)를 거쳐 산을 내려간다. 일선사는 도선국사가 창건한 보현사에서 유래했다는 설이 있으나 이렇다 할 문헌이나 자료가 없어 어느 것도 확실한 것이 없다. 한때 모 시인이 승려로 있었다는 사실 정도다. 돌계단을 따라 청담 약수터로 향한다. 구절초도 쑥부쟁이도 모두 떠난 숲이 한가하다. 약수는 북한산에서 몇 손가락 안에 들 정도로 물맛이 좋다. 약수터 지킴이인 큰 왕버들이 이 물을 먹고 장수하고 있다. 물을 따라 산 아래로 향한다.

동령폭포를 지난다. 평창계곡에 있는 동령폭포는 북한산 4대 폭포의 하나다. 지독한 가뭄과 갈수기가 겹쳐 물은 겨우 명맥만 유지되고 있다. 저 폭포가 시원스런 폭음(瀑音)을 낼 때 이 땅의 근심은 사라지고 들판에 풍요와 기쁨이 일렁일 것이다. 지금은 회색빛 적요의 시간, 내내 적조하다. 적막하다. 이 적막은 어디서 오는 것일까.

"하늘이 무슨 말을 하더냐? 그래도 사계절은 운행되고 만물은 자라지 않느냐" 산은 그 성인의 말을 안다. 천명(天命)을 안다. 그렇지 않고야 이 산이 이리도 웅장할 수 없다. 고요가 이렇게 깊을 수가 없다. 산은 천명을 알아서 묵묵하고, 묵묵하여 견딘다. 견뎌서 보여주고, 견뎌서 들려준다. 그걸 듣고 보는 것은 순전히 사람의 몫이다. 분투하고 노력했던 폭포가 지금 저리 낮게 흐르는 것도 그 천명을 듣기 위함이다. 깊은 침묵만이 들을 수 있다는 사실을 폭포는 안다.

이제 겨울이 깊어질 것이다. 빗방울도 깊어지면 눈발이 된다. 새로 시작된 이 계절 우리 또한 깊어질 때 모두가 기다리던 소식이 올 것이다. 어느 날 문득 예상을 뒤엎고 첫눈이 폴폴 내릴 것이다. 미처 준비되지 않은, 우리를 덮치며 이별 끝에 찾아오는 눈물 같은 사랑처럼.

층층나무의 안거

층층이 나풀거리던 잎들 모두 버리니 씻은 듯 시원하고 가볍네
고요한 가지마다 바람은 소리 없이 지나가고
날개 치며 날아오르던 꽃들의 개화와 주렁주렁한 열매들로
등뼈 탄탄해지던 기억이 어느 나무의 것인지 어렴풋하네

한 차례 겨울비 소란을 쓸고 갔네
벗은 몸에 달이 머물다 갔으니
이제 매화 같은 눈발이 곧 이 땅에 오겠네

저 윗절 부처의 눈썹이 희어지는 날
온산이 눈꽃이겠네

그대가 꽃피겠네

승가사 설경

제5부

산 밖의 산, 산 안의 산

– 산 밖의 산, 산 안의 산

1. 노고산에서 보는 북한산과 도봉산
2. 우이령길에서 보는 도봉산과 북한산
3. 불암산에서 보는 북한산과 도봉산
4. 인왕산에서 보는 북한산
5. 고령산에서 보는 북한산과 도봉산

산 밖의 산

산 밖의 산, 산 안의 산

안에서는 주로 안만 보인다. 밖에서는 거의 밖만 보인다. 그것은 절반만 본 것이다. "우리는 아무리 작은 물체라도 그 절반을 생각할 수 있는 반면, 어떤 정신도 그 절반을 생각할 수 없다."는 데카르트의 성찰은 산에 적확히 들어맞는 말이다.

산을 절반만 본 것은 안 본만 못하다. 산도 안에서는 산이 다 보이지 않는다. 보이는 것은 일부이지 전체가 아니다. 전체를 보지 않고 산은 그 실체를 보여주지 않는다. 우리가 그 산을 제대로 다 보기 위해서는 다른 산을 올라야 한다. 기억은 기억을 먼저 알고 난 후에야 니은을 안다. 사람이 사람을 알고 사람이 사람을 보듯이 산이 산을 알고 산이 산을 본다.

사람들은 가끔 그 산을 몇 번이나 갔냐고 묻는다. 횟수는 알고 보면 그렇게 중요하지 않다. 그 산이 그 사람에게 새로운 무엇인가를 발견하게 하고 자연과 인간, 인간과 세계에 보다 더 진일보한 어떤 의미들로 전환되었는지가 핵심이다. 물론 최소한으로 그 산에 대한 지리적, 지형적 정보는 마땅히 알아야 한다. 그 이후에 생태적, 문화적, 역사적인 측면에서 산의 세계가 사람의 세계로 전이되고 치환될 때 산은 사람의 산이 된다.

사람은 철학과 문학, 역사로 만들어진 존재다. 그것은 산이 우리 인간에게 새로운 장르를 새롭게 제시하고 열어줄 인문학으로 자리매김되어 궁극적으로 우리를 보다 높은 차원으로 이끌어줄 거라는 뜻이다. 산에 들어가고 오르는 행위나 산속에서 살아가는 것도 철학과 문학 및 역사로서의 걸음과 삶이어야 한다는 것도 동시에 내포되어 있다. 근본적인 인간의 치유는 의술이나 약물에 의해서가 아니라 인문학적 성찰과 사유 및 명상을 통해 우리의 정신이 대자연에 놓일 때 가능한 것이다.

오늘날 우리는 너무 쉽게 '힐링', '치유'라는 말들을 남발하고 있다. 산이나 숲에서의 쉼도 그냥 얻어지는 것은 아니다. 우리의 생각과 사고가 힘을 빼고, 보다 더 유연해질 때 휴식은 찾아온다. 그러기 위해서는 머릿속을 비우고, 마음을 내려놓아야 하지만 말처럼 그렇게 쉽게 되지 않는다. 그것은 사유와 사색 및 자기 수련의 시간을 필요로 한다. 자기에게 맞는 책을 읽고 생각하며 한 줄 글이라도 써보는 가운데 문득문득 열리는 자각의 시간과 세계 속에서 상처를 치유할 수 있는 길이 트인다. 내가 보고, 듣고, 느끼고, 숨을 쉰 산은 인문학이다. 그러한 산의 인문학은 바로 내가 세상의 비탈에서 얻은 상처들을 치유하는 실질적 기제가 된다.

우리나라 등산 인구는 통계를 빌리지 않아도 실로 엄청나다. 그 많은 사람들이 산을 다니는 것도 알고 보면 무의식 속에서도 앞서 살펴본 그런 심리가 작용하고 있기 때문이다. '산의 인문학'은 몸도 마음도 정신도 건강하게 만들어 선진 시민, 선진 사회로 도약할 수 있는 토대를 마련해준다. 지금까지 우리가 산을 통해 줄곧 산의 고요, 산의 침묵, 산의 사유를 함께 짚어보며 이어온 것도 그러한 연유에서다. 나에게서 너에게로, 우리에게서 모두에게로 나아가고 환원되는 산의 인문학은 내가 경험한 가장 아름다운 수업이며 누구나 기쁘고 즐거운 놀이이다. 이때껏 아무도 가르쳐주지 않은, 누구도 들려주지 않은 수업을 받으러 자발적으로 나는 천 번 이상 '북한산'이라는 학교를 오갔던 것이다. 천 번의 수업이 꼭 천 번의 자각과 발견으로 이어지지 못한다 할지라도 아무도 나를 채근하지 않아서 누구의 눈치를 보거나 비교할 필요가 없었다. 이따금씩 바위를 오르내리느라 험한 등곳길도 있었지만 대부분은 꽃길 내지는 숲길이었다.

다시 산을 본다. 산이 산을 보는 산과 사람이 산을 본 산이 같을 수는 없다. 북한산의 나머지 반을 보기 위하여 노고산, 고령산, 불암산, 수락산, 인왕산, 북악산 등을 올라야 했다. 그 산들은 또 다른 북한산의 진면목을 새롭게 드러내 주었다.

시간은 여전히 망각과 자각 사이에 있다. 그 가운데서 오늘도 나는 산의 인문학 책 '북한산'을 읽는다. 왼쪽 페이지는 어느샌가 망각의 페이지가 되고, 오른쪽 페이지는 자각의 페이지가 된다. 자각은 다시 망각의 페이지를 호출하여 망각은 다시 자각이 되기도 한다. 그러는 사이 내 삶과 한 시대의 면모를 들여다보는 설계도가 그려진다. 그러면서 어느 날인가는 아마도 '인생'이라는 한 권의 책을 다 읽게 될 것이다.

01_ 노고산에서 보는 북한산과 도봉산

명산은 방위나 위치에 따라 그 아름다운 모습이 조금도 줄어들지 않는다. 안에서 보아도 그렇고 밖에서 보아도 마찬가지다. 또한, 그 위용과 기상이 전 방위에 걸쳐 웅장하고 하늘을 찌른다. 다양하게 나타나는 봉우리들은 부분적으로 독립되어 있으면서도 전체와 환상의 조화를 이룬다. 작은 것이 있으면 큰 것이 있고, 깊은 곳이 있으면 높은 곳이 있고, 좁은 데가 있으면 반드시 너른 데가 있다. 맑은 물은 사철 마르지 않고, 동식물은 다양하게 분포한다. 산수가 아름다우면서도 기름진 땅이 있어 사람을 품어서 반드시 이롭게 한다. 이러한 요소들을 갖춘 산이 명산이다. 북한산은 그러한 측면에서 명산으로서의 조건들을 모두 충족하고 있다. 북한산의 가장 큰 덕은 천만 서울시민은 물론 인근 도시와 이 나라 수많은 사람들을 품고 있다는 점이다. 사람을 살아가게 하는 것보다 더 큰 덕은 없다.

노고산을 오르기 위해서 흥국사에서부터 걸음을 시작한다. 참나무들이 주류를 이루고 있다. 한 30분쯤 오르면 첫 조망 포인트가 나타난다. 여기서는 도봉산까지 전체를 보기는 어렵다. 그렇지만 백운대를 중심으로 인수봉과 만경대, 염초봉과 노적봉, 원효봉 등이 만들어낸 북한산의 위용은 빠짐없이 드러난다. 다른 표현을 빌리자면 최고의 전투력과 인격과 품성을 지닌 기사를 수십 명 거느린 모습이다. 감히 범접할 수 없는 태왕의 위엄을 북한산은 갖고 있다. 능선에

노고산에서 보는 북한산

올라서면 그다지 힘들지 않은 길이 평탄하게 이어진다. 두 번째 조망 장소를 거쳐 정상으로 이동한다. 걸으면서 내내 오른쪽을 보게 된다. 노고산 정상에서 보는 북한산은 장쾌하다. 이보다 더 적절한 표현을 나는 아직 찾아내지 못했다.

'기골장대하다. 선풍도골(仙風道骨)이다. 절경이다. 절창이다. 화장장엄하다. 장쾌하다. 선경이다. 하늘의 성채다. 신들의 요새다. 수도 서울의 총사령부다. 일순천리(一瞬千里)다. 산명수려(山明水麗)하다. 연경(煙景)이다. 청호우기(晴好雨奇)다. 일품이다. 명승이다. 풍광영미(風光明媚)하다. 산자수명(山紫水明)하다. 절승이다. 가경이다. 장관이다. 만학천봉이다. 설부화용(雪膚花容)이다. 도화원(桃花源)이다. 화천월지(花天月地)다. 웅장하다. 웅혼하다. 화엄이다.' 누구든 이 중의 하나쯤은 생각하지 않아도 떠오르게 하는 산이 바로 저 북한산이다. 노고산 정상에서 터져 나오는 북한산에 대한 감탄의 찬사들이다. 그 어떤 말을 써도 아깝지 않고 부족하지 않다.

왼쪽부터 오른쪽으로 사패산-도봉산-북한산이 이어져 있고, 봉우리는 사패산-자운봉-상장봉-영봉-백운대-문수봉-비봉-향로봉-족두리봉이 가히 하늘의 다도해라 부를 만하다. 능선으로 말한다면, 사패능선-포대능선-도봉주능선-한북정맥-상장능선-영봉능선-산성주능선으로 이어져 환상의 스카이라인을 형성하고 있다. 준마로 내달리는 기상을 엿볼 수 있다. 미래로 도약하는 우리 민족의 슬기와 꿈과 양양한 전망을 내다볼 수 있다. 노고산은 북한산 최고의 전망대다. 노고산을 오르지 않았다면 북한산을 결코 다 본 것이 아니다. 그냥 조금 봤다고 할 것이다.

노고산 정상은 실제적으로 갈 수가 없다. 군부대가 주둔하고 있기 때문이다. 교통호를 지나 솔고개로 내려가면서 북한산 지역은 점점 멀어지고 도봉산이 더 가까워진다. 솔고개는 북한산과 도봉산의 경계를 이루는 우이령으로 가는 길목이다.

02_ 우이령길에서 보는 도봉산과 북한산

봄, 여름, 가을, 겨울이 따로 없다. 북한산과 도봉산의 아름다움은 계절과 시간을 떠나서 한결같다. 산은 언제나 희노애락애오욕(喜怒哀樂愛惡欲), 우리의 칠정(七情)을 다스린다. 최소한의 절도, 절제를 필요로 한다. 그러한 절도나 절제가 없다면 산은 그냥 단순한 취미와 유희로 그친다. 북한산은 우리에게 역사적, 문화적, 의미적 차원에서 으뜸이라 할 수 있다. '칠정이 발할 때는 필부라도 삼가야 하고, 임금은 더욱 그렇다 하였다.' 우리가 다스리기 어려운 그러한 성(性)을 산은 제어한다. 실제로 산을 잘 다니고, 산의 세계를 이해하고, 산의 세계로 깊숙이 들어가기 위해서는 그러한 자기 통어가 필요하다. 그러나 자칫 언저리, 산의 변두리를 산으로 여기기 쉽다. 자기 질서와 절제는 자기 삶이 필요로 하는 자연에 대한 철학의 토대가 된다.

산은 다니는 것이 아니다. 산을 자신에게로 옮겨오는 것이다. 한 번에 조금씩 아주 조금씩이라도 내게로 옮겨오는 이산(移山)의 행위다. 그런 내적 이산의 행위가 없다면 산은 극히 일부라도 내가 될 수 없고, 나는 산이 될 수 없다. 그렇게 되기 위해서 우리는 기뻐하고, 성내고, 슬퍼하고, 즐거워하고, 사랑하고, 미워하고, 욕심내는 것으로부터 중용적 입장을 취할 수 있어야 한다. 기쁨이 꼭 기쁨만은 아니다. 성냄도 슬픔도 즐거움도 사랑도 미움도 욕심도 마찬가지다. 그것들은 얼마든지 서로 반전의 관계에 있다. 그 하나하나의 요소들

우이령에서 보는 도봉산

로부터 우리가 전복되거나 침몰하지 않아야 한다. 감정은 하나의 감옥이며 바닥이 없는 늪이다. 빠져들면 헤어나기 어렵다. 마음만 먹으면 그것들로부터 박차고 나올 수 있어야 한다. 그것은 우리 사고의 탄력에 달려 있다. 적당한 점성과 소성으로 빚어진 탄성체로 우리의 마음이 이루어져 있어야 한다. 산은 계절과 시간에 관계없이 우리를 도닥이며, 우리를 고양시키며, 우리를 이끌며, 끝없이 우리를 일어서게 한다.

우이령은 우리에게 중용의 도를 주는 길이다. 중용은 미온적인 입장이나 위치가 아니다. 그것은 매우 가변적이며 그 폭이 아주 넓고 깊다. 한쪽으로 치우친 것을 바로 잡아준다. 짧은 것은 길게 하고 긴 것은 짧게 한다. 또한 가벼운 것은 무겁게, 무거운 것은 가볍게 한다. 음을 양으로 양을 음으로 전환시킨다. 가장 예민하게 살아 있는 복합적인 유기체다. 극에 이른 양은 음으로, 음은 양이 된다. 어둠을 빛으로 빛을 어둠으로 변화시키며 명암을 조절한다. 모든 것은 한쪽으로 치우칠 때 문제가 된다. 극우, 극좌, 편식, 편애 등도 그 하나다. 편을 가를 때 이미 분열이다. 편이 생길 때 이미 대립이다. 편이 곧 갈등이고 싸움이고 나아가 전쟁이다. 내가 하나의 기쁨, 하나의 성냄, 하나의 슬픔, 하나의 즐거움, 하나의 사랑, 하나의 미움, 하나의 욕망에 편이 될 수 없다. 그것은 내 갈등의 시초다. 분열된 자아, 척을 지는 단초가 된다. 척을 지고 사는 것보다 더 불편한 것은 없다. 그 누구와도 척을 지지 마라. 척을 지면 언젠가는 원수가 된다. 원수가 그득한 세상에 내가 행복할 수는 없다. 그렇게 된다면 세상은 이미 지옥이다.

우이령은 흙길이다. 소처럼 순하다. 이름도 '쇠귀고개'다. 귀는 들으라고 있는 것이다. 조용하고 고요할 때 좋은 소리가 들린다. 깨끗하고 맑을 때 깨끗하고 맑은 것이 들린다. 내가 고요하고 맑지 못하다면 맨발로 걷는 것은 의미가 없다. 그냥 발에 흙만 묻히는 것뿐이다. 발을 닦아야 하는 수고로움 밖에 얻는 것이 없다. 우이령은 소처럼 먼저 말을 버려야 한다. 큰 귀를 갖고 걸어야 한다. 오봉산 일승지지에 자리한 석굴암이 그냥 있는 것이 아니다. 산사의 일주문에 잠시라도 서보자. 무엇이 보이고, 무엇이 들리는지 산문에 서보자. 아무것도 본 것이 없고 들은 것이 없다면 이미 다 보고 들은 것일지도 모른다. 본시 세상에 존재하는 것들은 없다. 없는 것에서 있는 것이 생겨났으니 실상 실체가 없다. 있는 것에서 있는 것이 소멸하고, 없는 것에서 없는 것이 생겨난다. 있는 것과 없는 것, 보이는 것과 보이지 않는 것, 들리는 것과 들리지 않는 것 그 경계가 중용이다. 그 경계에서 우리는 왼쪽과 오른쪽, 이것과 저것, 위와 아래 등을 취함으로써 불완전하나마 온전한 하나의 내가 될 수 있다. 나는 왼쪽도 아니고 오른쪽도 아니다. 이것도 아니고 저것도 아니다. 위도 아니고 아래도 아니다. 그 둘을 다 합하고, 곱하고, 나누고, 다시 빼고 더한 것이 나다. 얼마나 복잡한 우리인가. 복잡하고 미묘한 것들을 간결하게 하는 것이 중용의 지혜다. 지혜의 도구다. 도구는 단순해야 한다. 복잡한 것 치고 명료한 것이 없다. 명료한 것은 절제로부터 시작된다.

오봉은 명료하다. 자기 절제가 빛나기 때문이다. 양주지역에서는 예부터 별도로 오봉산이라 불렀다. 다섯 봉우리가 만드는 조화의 어울림이 꽃이다. 그것은 융화이면서 복합적인 변화의 형태로 나타난다. 단순한 풍경의 절승만이 아니다. 새로운 것을 만들어 내는 기운 또한 상서롭다. 창조적 세계의 공간이다. 기묘한 바위 봉우리에 자기도 모르게 깊이 이끌리는 이유일 것이다. 석굴암의 일주문에서부터 조망되기 시작하는 상장능선은 석굴암의 앞 담장 역할을 한다. 가로막는 것이 아니라 감싸고 보호한다. 흩어지는 것들을 모아서 품게 한다. 석굴암은 한마디로 밀핵적(密核的) 공간이다. 오봉산의 핵심이다.

흙길은 우리가 도시에서 잃어버린 감성과 문명에 매몰당한 정서를 일깨운다. 우리를 자연인으로 환기시키며 거칠어진 심성을 순화시킨다. 도시의 문명적 이기들은 알게 모르게 우리를 코팅한다. 비가 내려도 비에 젖지 못한다. 눈이 와도 눈의 생명력과 질감을 느끼지 못한다. 단순히 옷을 젖게 하고 길을 미끄럽게 하는 성가신 장애물일 뿐이다. 비가 없으면 생명체는 그 생명을 장담할 수 없다. 눈이 내리지 않으면 축복도 내리지 않는다. 눈비는 모든 생명의 시원이다. 시원은 땅에 있는 것이 아니라 하늘에 있다. 우리가 하늘을 올려다보는 이유다.

우이령은 우리가 잃어버린 것들을 듣게 되는 길이다. 우이(牛耳), 이 고개의 이름이 쇠귀다. 북한산과 도봉산은 이 세상에서 가장 큰 귀를 가졌다. 소의 걸음이 느린 것은 깊은 것을, 큰 것을, 맑은 것을 듣기 때문이다. 그것들은 모두 소리 너머에 있다. 고요로 둘러친 공간, 침묵이 길이 되는 시간, 우이령은 그렇게 우리의 말들을 순식간에 회수하는 고개다. 말이 회수된 그 시간 속에서 꽃이 핀다. 물이 흐른다. 단풍이 든다. 눈이 내린다. 이 모든 것들은 우리가 침묵과 대화를 나눌 줄 알게 되는 시점부터 나타나는 현상들임을 잊지 말자.

03_ 불암산에서 보는 북한산과 도봉산

우리는 홀로 있을 때 침묵과 대화할 수 있다. 대화 없는 소통은 없다. 소통은 대화의 결과이다. 산들은 이름을 갖기 전부터 홀로 있는 방식을 통해서 자신과 소통해 왔다. 자신과 소통 없이 세상과의 소통도 없다. 자신과 소통한 사람이 다른 사람과도 소통할 수 있다. 우리는 성급하다. 자신과의 소통 없이 타인과 소통하려다 벽을 만들기 쉽다. 벽과 벽에 갇힐 때 우리는 섬이 되어 고립되고 만다.

산들은 산과 소통하며 산에 닿아 있다. 크기와 높이로 인해 방해받거나 제약되지 않는다. 산과 산을 연결하며 일정하게 유지되는 선 같은 것이 있다. 그 선에는 정과 기로 이루어진 산심(山心)이 흐른다. 산심이 흐르는 그것을 나는 맥(脈)이라 한다. 산맥, 정맥, 지맥에서의 맥이다. 불암산은 수락지맥에 속한 산이다. 수락지맥은 한북정맥에서 분기되어 나온 산줄기다. 운악산과 죽엽산을 거쳐 남쪽으로 내려오다 서쪽으로 방향을 튼 산줄기가 다시 축석령에서 갈라져 용암산-수락산-불암산-아차산으로 이어진다. 우리의 혈맥이 우리 몸 어디와도 연결되어 있듯이 산은 이 땅 구석구석 다른 산과 연결되어 있다.

북한산과 도봉산을 알기 위해서는 불암산이나 수락산에 올라야 한다. 불암산에서는 북한산이 가깝고, 수락산에서는 도봉산이 빠짐없이 들여다보인다. 불암산과 북한산, 수락산과 도봉산은 서로를 잘 알고 있는 막역한 관계다. 잘 아는 관계란 무엇인가. 아주 돈독한 사

불암산에서 보는 북한산

이를 말한다. 친밀하고 가까운 사이다. 함부로 대하지 않는다. 깊고 넓게 이해하며 따뜻한 애정을 만들어내는 관계다. 서로 척을 지거나 원수가 되지 않는다. 공과 사가 반드시 지켜진다. 서로가 불편해지거나 나빠지지 않는다. 갈수록 좋아지고 끊임없이 깊어지며 서로를 존중하며 그리워하게 된다. 한마디로 서로를 빛나게 하는 관계다. 좋은 관계, 귀한 관계다. 지중한 인연의 관계다. 잃고 난 다음에 귀한 줄을 알게 된다면 그 얼마나 어리석은 일인가. 북한산과 불암산, 도봉산과 수락산은 그런 관계의 산이다.

불암산은 상계역을 기점으로 한다. 얼마 오르지 않아도 도시를 품은 북한산의 전경을 한눈에 볼 수 있는 전망대가 나타난다. 불암정에 오르면 유려하게 펼쳐진 마루금이 보인다. 북한산과 도봉산, 도봉산과 북한산이 둘이 아님을 확연히 알게 된다. 불암산은 산 이름에서 보듯이 바위가 많다. 수락산도 바위가 많기는 마찬가지다. 북한산 도봉산과 더불어 모두가 아름답다는 것을 교집합으로 삼는다. 서로를 빛나게 한다. 존귀함을 알게 한다. 서로가 떠날 수 없는 돈독한 관계, 그 관계가 좋은 관계임을 가르쳐 준다. 조금도 불편해지거나 서먹해지지 않는다. 말이 있으나 없으나 편안하고 은연중에 서로의 마음이 자연스럽게 흐르게 된다. 서로를 알고 알아서 익고 익었다. 늘 반갑고 기쁘고 즐겁다. 그러니 불편해질 일이 없다. 천년만년 떠날 일이 없다. 산이 묻는다. '네게도 저런 관계의 산 같은 사람이 있는가?'

불암산 정상에서 보는 건너편의 북한산과 도봉산은 숭엄하다. 일찍이 세계 어디에도 저렇게 많은 집과 사람을 품은 산이 또 있었던가. 저것은 큰 덕이다. 그 큰 덕으로 수많은 사람들이 산다. 오늘과 내일을 이어간다. 우리의 상처가 저기에서 새살을 얻고 우리의 삶이 저 산에서 꽃핀다. 내일에 대한 줄기찬 희망을 본다. 우리를 백 번 천 번 사랑하게 한다. 마침내 사랑 속에서 우리를 살게 한다. 사는 곳이 집이다. 그러니까 북한산 도봉산이 집이다. 고향을 떠나온 수많은 사람들의 고향이다. 이렇게 저렇게 삶은 처음부터 끝까지 오직 사랑임을 깨우쳐 준다. 지금 불암산에서 수락산까지 오는 동안 산들이 말한다. 산이 산을 본다. 산이 산을 듣는다. 산이 산을 물들인다. 산이 산을 품는다. 동터 오는 아침햇살이 그렇게 말한다.

04_ 인왕산에서 보는 북한산

탕춘대능선, 비봉능선, 사자능선 등 북한산의 서남쪽을 살펴보기 위해서는 인왕산에 올라야 한다. 물론 북악산도 있다. 인왕산(仁王山)은 조선왕조를 수호하기 위하여 본래의 서산(西山)이라는 명칭을 바꾼 산 이름이다. 도읍지로 한양을 택한 까닭을 나름대로 짚어볼 수 있어서 좋다. 굳이 꼭 그런 이유가 아니어도 보물 제1820호인 '서울 옥천암 마애보살좌상(玉泉庵 磨崖菩薩坐像)'도 가까이 있다.

홍지문 일대의 개나리꽃을 보며 봄을 맞으러 가는 즐거움과 가을날 석양을 감상하기에는 그보다 더 좋은 곳도 드물다. '기차바위'는 인왕산과 북한산이 서로 화답하며 펼친 절정의 인문 가경을 마음껏 감상할 수 있는 최고의 갤러리며 전망대다.

인왕산에서 바라본 북한산에 대해서는 2019년 3, 4월호 『숲과 문화』, 「시인과 숲」 필자의 연재 글 일부를 옮긴다.

숲속 나무들의 기쁨과 인왕산의 진면목

나무는 비교하지 않는다. 이 나무 저 나무 바라보며 자신을 함부로 평가하지 않는다. 나무들은 좌고우면하며 다른 나무들을 곁눈질하지 않는다. 나무들은 나무들의 시선에서 자유롭다. 비교하지 않기 때문이다. 나무는 깨어 있는 의식이 선명할 뿐 자기를 남과 비교하며 자신을 괴롭히지 않는다. 고요한 심성, 평온한 성정, 매 순간 발견하는 경이는 비교하지 않는 데서 나오는 충만한 기쁨이다. 하여 지금 나무들은 저리 기쁜 얼굴로 이 봄을 빛내고 있다.

숲으로 이어지는 오솔길은 오붓해서 좋다. 인왕산은 소나무 산이며 바위산이다. 바위가 옹골지고 나무들은 포실하다. 그만큼 인왕산이 뼈대 있는 사대부가의 현숙한 안방마님처럼 살림을 잘했다는 방증이다.

능선에 선다. 능선에 올라서면 옛 한양 도성의 면모가 한눈에 읽힌다. 또한, 북한산의 웅장한 모습이 가슴 먹먹하게 다가온다. 평창동, 부암동, 창의문, 북악산, 안산, 홍제동, 백련산 등 어디를 보아도 아름답다. 겸재 정선의 '인왕제색도(仁王霽色圖, 국보 제216호)'와 '수성동(水聲洞)', '필운대상춘(弼雲臺賞春)'이나 강희언의 '인왕산도(仁王山圖)'가 나오지 않았다면 그것도 참 이상한 일이었을 것이다. 옛 한양 도성은 물론 현재의 서울을 이해하고 그 진면목을 보기 위해서는 반드시 인왕산을 올라야 한다. 인왕산은 한양 도성을 이룬 내사산(낙산, 인왕산, 남산, 북악산)의 하나로 과거와 현재 미래를 여전히 가늠해 볼 수 있는 산이다.

백사 이항복, 사천 이병연, 겸재 정선, 관아재 조영석, 존재 박윤묵, 추사 김정희 등 당대에 내로라하는 걸출한 인물들이 이 인왕산 자락에서 살았었다. 나는 이 중에서도 개인적으로는 겸재와 사천이 보여준 도반으로서의 우정과 의리를 조선 후기의 인문학을 최고의 경지에 올려놓은 으뜸 요소로 손꼽는다. 물론 그것은 진경문화를 두고 이르는 것이지만 다르게 해석하면 인문학이다.

인문학은 통찰이며 그것은 두 사람이 진경산수의 세계를 열었듯이 새로운 장르를 여는 힘이다. 두 사람의 시와 그림이 합작되어 만들어진 시화집(詩畵集) '경교명승첩(京郊名勝帖)'은 물론 '인왕제색도'도 그런 결과물의 하나다. 병석에 누운 친구 사천이 비가 개인 뒤 맑아진 하늘처럼 쾌차하기를 바라는 마음으로 그린 그림이다. 조선 팔도에 이 만한 우정이 또 있었던가? 그것은 사천이 겸재가 양천 현감으로 떠날 때 써준 시 '증별정원백(贈別鄭元伯)'에서 잘 드러난다. 사천의 시문은 겸재에서 나왔고, 겸재의 그림은 사천에서 나왔다 해도 과언이 아니다. 소동파가 말한 '시중유화 화중유시(詩中有畵 畵中有詩)'의 전범이다.

겸재의 그림은 그 당시 중국에서 비싼 값에 잘 팔렸다고 한다. 겸재에게서 얻은 많은 그림을 사행(使行)으로 가는 이를 통해 팔아서 서재가 꽉 찰 정도로 중국의 책들을 구입하여 학문을 닦은 결과가 절창의 시로 빛났다는 것은 잘 알려진 사실이다. 그렇게 오래도록 우리 역사의 중심부를 지켜보며 오늘에 이른 인왕산은 역사의 산이요 인문학의 산이다.

능선에서 뼈로 사는 소나무들과 수성동 맑은 물

인왕산의 여러 상징물 중 하나인 기차바위에 오른다. 인왕산은 산

자체가 거대한 화강암으로 이루어져 있다. 정상으로 가는 능선은 소나무 숲이다. 휘고 틀어지고 굽은 소나무들, 가만히 보면 소나무는 바람의 뼈, 시간의 뼈로 산다. 뼈는 강하다. 나무는 뼈로 살아서 홀로 견딘다. 설령 부러지는 일이 있더라도 비바람과 폭설에 당당하다. 일생을 뼈로 사는 나무에게 남아도는 잉여는 없다. 그만큼 치열하다. 남아도는 것이 없어도 나무는 베풀고 산다. 자기가 모은 물과 햇빛을 성숙시켜 다른 형태로 모두 되돌려준다. 그런 나무를 싫어할 사람은 없다. 나무와 나무가 모여 이룬 숲에는 온전한 평화가 깃들어 있다. 그것은 쉼이자 치유이며, 사유이자 성찰이다. 뼈에 가까울수록 사유는 단단해진다. 단단하다는 것은 후퇴하지 않는다는 뜻이다.

또한, 나무는 불필요한 것을 탐하지 않는다. 남아도는 것으로 남아도는 것을 만들지 않는다. 나무가 하늘을 향하여 자라는 것은 높은 수준으로 살아가는 삶의 방식을 선택했기 때문이다. 그렇기에 나무는 잃을 것이 없다. 나무는 꼭 자기가 있어야 할 자리에 있다. 잘못된 판단과 그릇된 사고로 자신의 자리를 벗어나지 않는다. 언제나 하나의 상황이다. 동시에 이것저것을 벌이지 않는다. 우리 인간처럼 여러 상황 속에서 허덕이며 헤매지 않는다. 간명하다. 그것이 나무의 지혜다. 나무는 단단한 뼈로서 언제나 자신의 본질을 굳게 지킨다. 섣부른 톱질을 거부하며 올연히 맞선다. 그렇기에 나무만큼 톱을 잘 아는 것도 없다.

이 세상에 다 자란 나무는 없다. 나무는 그걸 알아 무지에 떨어지지 않는다. 무지에 대한 자각으로 나무는 시간과 공간을 초월하여 자란다. 나무는 자신이 조금 더 미숙했던 지난날의 기억들을 나이테에 저장한다. 깊게 곱씹으며 나무는 성장하며 발전과 진화를 모색한다. 무지에 대한 자각 없이 성장과 진화는 없다. 나무는 자신이 금강의 뼈가 될 때까지 결코 성장을 멈추지 않는다.

인왕산(338.2m) 정상이다. 서촌과 북촌을 비롯하여 경복궁, 남산 등 서울 도심이 한눈에 들어온다. 산은 이렇게 모두 전망을 갖고 있다. 건너편 북악산과 뒤쪽 안산도 올라가 보면 또 다른 전망을 보여준다. 봄나들이를 나온 시민들, 서울 구경, 꽃구경에 북적대는 산에 활기가 넘친다. 어디로 내려갈까? 즐거운 고민이다. 홍지문 방향으로 내려가면 옥천암에서 부처의 흰 미소를 만날 것이고, 부암동 쪽으로 하산하면 석파정과 수백 년 된 명품 노송을 만날 것이다. 청운동 창의문 쪽으로는 윤동주문학관, 독립문 쪽은 선바위가 있다. 수성동 서촌 방향으로 산을 내려간다.

산괴불주머니, 남산제비꽃, 현호색 등이 봄볕을 쬐고 있다. 인왕산길 가까이 내려오면 계곡 쪽에 커다란 오리나무가 있어서 반갑다. 과거 녹화사업의 일환으로 많이 심었던 사방오리나무나 물오리나무와는 다르다. 오리나무는 북한산 둘레길 일부 구간에서 관찰된다. 인왕산길 도로를 건너면 서촌의 끝자락 수성동(水聲洞)계곡이다. 간밤에 불어난 계곡물이 제법 셋괏다. 겸재의 장동팔경첩(壯洞八景帖)에 등장하는 '수성동'은 비가 만든 작품인 것이다. 비가 온 후에 붓을 들기를 좋아했다는 겸재가 있다면 지금쯤 사천과 함께 그 모습이 보일 때다. 그림 속 기린교(麒麟橋)를 토대로 복원한 돌다리가 보인다. 그 아래로 흐르는 계곡물 소리가 맑다. 맑아서 세상의 소란을 뚫고 흘러간다. 세상의 소음과 섞이기 싫어 땅 아래로 모습을 감추고 청계천을 향한다.

'욕망을 줄이면 가난에 여위지 않고 삶은 더 아름다워진다.' 버들처럼 흐르는 옥계청류가 가만히 미소 짓는다.

꽃들은

이 봄날 그리움이 없다면
꽃들은 피지도 않는다
모든 꽃향기는 그리움의 언어
제각각 그리움을 호명하느라
야단법석인 꽃들
열네 살 소녀 애들처럼
분 바르는 날 있어서
늙어도 그리움은 곱다
그리움이 있어야 그리움이
없는 날도 살 수가 있다

북한산 남서 전경

05_ 고령산에서 보는 북한산과 도봉산

내가 산을 바라보지 않을 때 산도 나를 바라보지 않는다. 무심이다. 내가 산을 바라볼 때 산도 나를 바라본다. 유심이다. 나는 언제나 무심과 유심 사이에 있다. 산은 무심도 아니고 유심도 아니다. 산은 산이다. 산이 산을 만난다. 세상에 된비알이 없는 산이 있는가. 산이 산을 만나기 위해서 산은 가풀막을 갖고 있다. 그 가파른 길 끝에서 마침내 만나는 산이 있다. 산이 비로소 산을 만나는 산, 고령산이다.

고령산(622m) 정상 앵무봉에서 1차 조망을 하고, 다음 장소로 이동한다. 췌봉과 일영봉으로 가는 능선으로 가다 보면 탄성조차 쉽게 터지지 않는 숨이 막히는 최적의 곳이 있다. 소나무 한 그루가 홀로 독차지하고 있는 도봉산과 북한산의 전경은 실로 압권이다. 한 번 보고 간다는 것이 그만 세상사 아득히 잊어버리고 진종일 머무르게 한다. 여기야말로 북한산과 도봉산의 다른 면목을 남김없이 보는 곳이다. 지금까지 본 북한산 도봉산을 완성케 하는 백미의 장소다. 불암산에서 보는 북한산과 도봉산은 거대 도시를 품고 있어서 산의 맛이 덜하다. 노고산에서는 북한산의 진면목이 드러나나 도봉산의 면모가 온전히 드러나지 않아서 아쉽다. 이 모든 것을 충족시켜주는 산이 바로 이곳이다.

모든 생각이 끊어지고, 무심도 유심도 없는 절벽의 소나무가 눈을 얻어 바라보는 도봉산과 북한산은 실로 장엄하기 그지없다. 너울너

고령산에서 보는 북한산

울 산너울 잔잔한 산해(山海)에 일순 솟구쳐 오른 거대한 봉우리와 장쾌한 산줄기는 천상의 음악이요, 신의 찬가다. 일찍이 그 누구도 그려내지 못한 화장장엄한 그림이다. 햇볕은 따사롭고 사위는 고요하여 눈은 청안이 되니 한 점 의혹도 근심도 없다. 산에 다닌 시간들이, 지금까지 살아온 날들이 한순간에 보상받는 느낌이다. 더불어 살아갈 힘을 얻고, 희망을 얻는 곳이다. 저 도봉산과 북한산이 말한다.

'산이 산을 만난다. 산은 늘 희망 앞에 된비알을 놓는다. 희망 없는 세상의 길은 모두 된비알일 뿐이다.'

그 어디서 보든 북한산은 아름답다. 가장 아름다운 산은 달이 보는 산이다. 별들이 보는 산이다. 북한산도 예외는 아니어서 달과 별이 뜬다.

절벽송

절벽송絶壁松

탐닉을 피해
벼랑에 홀로 사는
저 늙은 현자

절벽에선
소란만 추락할 뿐
낭비가 없다

나가는 말

이제 북한산의 마지막 책장을 덮는다. 눈을 감아도 보이는 산이다. 보면 볼수록 여전히 아름다운 산이다. 귀를 막아도 들리는 산이다. 들으면 들을수록 깊어지는 산이다. 그 산을 보기 위해 모든 생각을 절벽 아래 던진다. 그 산을 듣기 위해 지금까지의 모든 말들을 벼랑으로 내던진다. 다시 내 삶이 어떤 페이지인가를 호명할 때까지는 당분간 그대로 둘 것이다.

독자 여러분들과 언젠가는 북한산이 들려주는 인문학 수업에 함께 갈 기회가 생기기를 바라며, 우리는 모두 북한산 백운의 사람 도봉의 백성으로 더욱 깊어진 산 사랑이 우리의 마음을 곱게 물들일 것이라 확신한다.

끝으로, 『신곡』 천국편에 있는 단테의 마지막 기도로 감사한 마음을 전하며 글을 마친다.

"나의 혀를 한껏 힘 있게 하시어 당신의 영광의 불티를 단 하나만이라도 미래의 사람들에게 남겨주게 하소서!"

하나가 된 산과 사람

산과 사람의 사계 북한산

초판 1쇄 인쇄 | 2019년 10월 25일
초판 1쇄 발행 | 2019년 11월 11일

지은이 | 이종성
펴낸이 | 김용길
펴낸곳 | 작가교실
출판등록 | 제 2018-000061호 (2018. 11. 17)

주소 | 서울시 동작구 양녕로 25라길 36, 103호
전화 | (02) 334-9107
팩스 | (02) 334-9108
이메일 | book365@daum.net

ISBN 979-11-967303-1-4 03980